"高等职业教育分析检验技术专业模块化系列教材"
编写委员会

主　任： 李慧民

副主任： 张　荣　　王国民　　马滕文

编　委（按拼音顺序排序）：

曹春梅	陈本寿	陈　斌	陈国靖	陈洪敏	陈小亮	陈　渝
陈　源	池雨芮	崔振伟	邓冬莉	邓治宇	刁银军	段正富
高小丽	龚　锋	韩玉花	何小丽	何勇平	胡　婕	胡　莉
黄力武	黄一波	黄永东	季剑波	姜思维	江志勇	揭芳芳
黎　庆	李　芬	李慧民	李　乐	李岷轩	李启华	李希希
李　应	李珍义	廖权昌	林晓毅	刘利亚	刘筱琴	刘玉梅
龙晓虎	鲁　宁	路　蕴	罗　谧	马　健	马　双	马滕文
聂明靖	欧蜀云	欧永春	彭传友	彭华友	秦　源	冉柳霞
任莉萍	任章成	孙建华	谭建川	唐　君	唐淑贞	王　波
王　芳	王国民	王会强	王丽聪	王文斌	王晓刚	王　雨
韦莹莹	吴丽君	夏子乔	熊　凤	徐　溢	薛莉君	严　斌
杨　兵	杨静静	杨　沛	杨　迅	杨永杰	杨振宁	姚　远
易达成	易　莎	袁玉奎	曾祥燕	张华东	张进忠	张　静
张径舟	张　兰	张　雷	张　丽	张曼玲	张　荣	张潇丹
赵其燕	周柏丞	周卫平	朱明吉	左　磊		

高等职业教育分析检验技术专业模块化系列教材

电化学分析及操作

李 乐 王 芳 主编

季剑波 主审

化学工业出版社

·北京·

内容简介

《电化学分析及操作》是高等职业院校分析检验技术专业模块教材的第9分册，包括6个模块，32个学习单元。主要介绍酸度计、离子活度计、自动电位滴定仪、电解称量分析仪、库仑滴定仪等广泛应用的电化学分析仪器的分析测定基本原理、构造、操作方法、保养和故障诊断，并具体介绍电化学分析仪器的特点、发展趋势、分类、保养和安全等方面的共性问题。本分册内容翔实、图文并茂、通俗易懂，具有较强的实用性。在各类分析仪器使用中介绍了常见的具体方法，为教学提供了较大的选择余地，为自学者提供了较全面的知识储备。同时，在各个模块中，还安排为数较多的具体分析项目，为培训学员的操作能力奠定了良好而扎实的基础。每个模块后均设有"技能考试内容及评分标准"。

本分册既可作为职业院校分析检验专业群教材，又可作为从事分析检验检测相关工作在职人员的培训教材，还可作为相关人员自学参考书使用。

图书在版编目（CIP）数据

电化学分析及操作/李乐，王芳主编．—北京：化学工业出版社，2024.2

ISBN 978-7-122-44539-1

Ⅰ.①电… Ⅱ.①李…②王… Ⅲ.①电化学分析-高等职业教育-教材 Ⅳ.①O657.1

中国国家版本馆 CIP 数据核字（2023）第 231376 号

责任编辑：刘心怡　　　　文字编辑：邢苗苗
责任校对：宋　玮　　　　装帧设计：关　飞

出版发行：化学工业出版社
　　　　　（北京市东城区青年湖南街 13 号　邮政编码 100011）
印　　装：中煤（北京）印务有限公司
787mm×1092mm　1/16　印张 9¾　字数 197 千字
2024 年 1 月北京第 1 版第 1 次印刷

购书咨询：010-64518888　　　售后服务：010-64518899
网　　址：http://www.cip.com.cn
凡购买本书，如有缺损质量问题，本社销售中心负责调换。

定　　价：29.80元　　　　　　　　版权所有　违者必究

本书编写人员

主　编：李　乐　重庆化工职业学院
　　　　王　芳　重庆化工职业学院
参　编：张　静　重庆化工职业学院
　　　　马　双　重庆化工职业学院
　　　　陈本寿　重庆化工职业学院
　　　　曹春梅　重庆化工职业学院
　　　　曾祥燕　重庆化工职业学院
　　　　崔振伟　重庆奥舍生物化工有限公司
　　　　段正富　重庆庆龙精细锶盐化工有限公司
主　审：季剑波　徐州工业职业技术学院

序

根据《关于推动现代职业教育高质量发展的意见》和《国家职业教育改革实施方案》文件精神,为做好"三教"改革和配套教材的开发,在中国化工教育协会的领导下,全国石油和化工职业教育教学指导委员会分析检验类专业委员会具体组织指导下,由重庆化工职业学院牵头,依据学院二十多年教育教学改革研究与实践,在改革课题"高职工业分析与检验专业实施MES(模块)教学模式研究"和"高职工业分析与检验专业校企联合人才培养模式改革试点"研究基础上,为建设高水平分析检验检测专业群,组织编写了分析检验技术专业活页式模块化系列教材。

本系列教材为适应职业教育教学改革,科学技术发展的需要,采用国际劳工组织(ILO)开发的模块式技能培训教学模式,依据职业岗位需求标准、工作过程,以系统论、控制论和信息论为理论基础,坚持技术技能为中心的课程改革,将"立德树人、课程思政"有机融合到教材中,将原有课程体系专业人才培养模式,改革为工学结合、校企合作的人才培养模式。

本系列教材分为124个模块、553个学习单元,每个模块包含若干个学习单元,每个学习单元都有明确的"学习目标"和与其紧密对应的"进度检查"。"进度检查"题型多样、形式灵活。进度检查合格,本学习单元的学习目标即达到。对有技能训练的模块,都有该模块的技能考试内容及评分标准,考试合格,该模块学习任务完成,也就获得了一种或一项技能。分析检验检测专业群中的各专业,可以选择不同学习单元组合成为专业课部分教学内容。

根据课堂教学需要或岗位培训需要,可选择学习单元,进行教学内容设计与安排。每个学习单元旁的编号也便于教学内容顺序安排,具有使用的灵活性。

本系列教材可作高等职业院校分析检验检测专业群教材使用,也可作各行业相关分析检验检测技术人员培训教材使用,还可供各行业、企事业单位从事分析检验检测和管理工作的有关人员自学或参考。

本系列教材在编写过程中得到中国化工教育协会、全国石油和化工职业教育教学指导委员会、化学工业出版社的帮助和指导,参加教材编写的教师、研究员、工程师、技师有103人,他们来自全国本科院校、职业院校、企事业单位、科研院所等34个单位,在此一并表示感谢。

张荣
2022年12月

前言

本书是在中国化工教育协会指导下，全国石油和化工职业教育教学指导委员会分析检验类专业委员会具体组织指导下，由重庆化工职业学院牵头，组织全国职业院校教师、科研院所和企业工程技术人员和高级技师等编写，借鉴了国际劳工组织（ILO）开发的模块式技能培训教学模式（MES），并将我国国情与分析检验技术专业特点相结合，开发专业模块和学习单元，依据模块结构内容分类组合。

我们认真参阅了国内外许多电化学方面的资料，并结合各位编者多年的教学、科研及生产实践经验，紧密围绕电化学生产所需知识编写了本教材。书中理论知识以"必需、够用"为度，侧重于系统性、应用性和可操作性，突出对技能型人才的教学和培养；时刻注意把握科学性、先进性和实用性原则。

本教材由 6 个模块 32 个学习单元组成。主编由李乐、王芳担任，主审为季剑波。其中模块 1 和模块 2 由李乐、曾祥燕、崔振伟编写，模块 3 和模块 4 由张静、王芳、曹春梅编写，模块 5 和模块 6 由李乐、陈本寿、马双编写。全书由李乐统稿整理。

由于编者水平和实际工作经验等方面的限制，书中难免有不妥之处，敬请读者和同行们批评指正。

编者

2023 年 10 月

目录

模块 1　酸度计的使用　　1

　　学习单元 1-1　电化学基础　/ 1
　　学习单元 1-2　常用电极　/ 9
　　学习单元 1-3　电位分析的基本知识　/ 15
　　学习单元 1-4　酸度计操作　/ 19
　　学习单元 1-5　液体采样现场 pH 的测定　/ 29
　　学习单元 1-6　酸度计测定溶液 pH 值的原理　/ 33
　　学习单元 1-7　啤酒总酸的测定　/ 37
　　学习单元 1-8　酸度计的维护和保养　/ 39

模块 2　电位滴定分析　　45

　　学习单元 2-1　电位滴定分析的基本知识　/ 45
　　学习单元 2-2　电位滴定仪操作　/ 49
　　学习单元 2-3　硝酸银标准溶液的标定　/ 55
　　学习单元 2-4　烧碱中氯化钠含量的测定　/ 59
　　学习单元 2-5　维生素 B_{12} 中钴的测定　/ 61
　　学习单元 2-6　自动电位滴定仪的维护保养和常见故障的排除　/ 65

模块 3　控制电位电解称量分析　　69

　　学习单元 3-1　电解　/ 69
　　学习单元 3-2　电解称量分析的基本知识　/ 73
　　学习单元 3-3　控制电位电解仪器操作　/ 77
　　学习单元 3-4　电解称量分析法测定混合物　/ 81

模块 4　控制电位库仑分析　　　85

　　学习单元 4-1　法拉第定律　/ 85
　　学习单元 4-2　控制电位库仑分析的基本知识　/ 87
　　学习单元 4-3　电位库仑分析仪操作　/ 91
　　学习单元 4-4　库仑滴定测定砷（Ⅲ）　/ 95
　　学习单元 4-5　库仑仪对 Cr^{6+} 含量的测定　/ 97

模块 5　微库仑分析　　　101

　　学习单元 5-1　微库仑分析的基本知识　/ 101
　　学习单元 5-2　微库仑分析仪的结构和工作原理　/ 103
　　学习单元 5-3　有机相中硫含量的测定　/ 111
　　学习单元 5-4　微库仑法测定原油中盐的含量　/ 115

模块 6　电导分析　　　121

　　学习单元 6-1　电导分析的基本原理　/ 121
　　学习单元 6-2　电导率仪的操作　/ 123
　　学习单元 6-3　水质纯度的测定　/ 129
　　学习单元 6-4　蔗糖中灰分的测定　/ 131
　　学习单元 6-5　电导率仪的维护保养和常见故障的排除　/ 135

附录　氧化还原电对的标准电极电势（18~25℃）　　　141

参考文献　　　144

模块 1 酸度计的使用

编号 FJC-72-01

学习单元 1-1 电化学基础

学习目标：在完成本单元学习之后，能够认识电化学的基础知识，掌握电极电势的应用。
职业领域：化学、石油、环保、医药、冶金、食品等
工作范围：分析

一、原电池

原电池的发明历史可追溯到 18 世纪末期，当时意大利生物学家伽伐尼正在进行著名的青蛙实验，当用金属手术刀接触蛙腿时，发现蛙腿会抽搐。大名鼎鼎的伏特认为这是金属与蛙腿组织液（电解质溶液）之间产生的电流刺激造成的。

如果把一块锌放入 $CuSO_4$ 溶液中，则锌开始溶解，而铜从溶液中析出。反应的离子方程式：

$$Zn(s) + Cu^{2+}(aq) \rightleftharpoons Zn^{2+}(aq) + Cu(s)$$

这是一个可自发进行的氧化还原反应，由于氧化剂与还原剂直接接触，电子直接从还原剂转移到氧化剂，无法产生电流。要将氧化还原反应的化学能转变为电能，必须使氧化剂和还原剂之间的电子转移通过一定的外电路，做定向运动，这就要求反应过程中氧化剂和还原剂不能直接接触，因此需要一种特殊的装置来实现上述过程。

如在两个烧杯中分别加入同浓度的 $ZnSO_4$ 溶液和 $CuSO_4$ 溶液，并在 $ZnSO_4$ 溶液中插入 Zn 片做电极，在 $CuSO_4$ 溶液中插入 Cu 片做电极，之后用一个装满 KCl 饱和溶液（或琼脂状）的 U 形管做盐桥，把两个烧杯连接起来，再把 Zn 极和 Cu 极用检流计连接起来，这时可以看到检流计的指针向一个方向偏转，说明导线中有电流通过，同时发现 Zn 片在溶解，Cu 片上有 Cu 沉积。在此装置中发生的反应就是氧化还原反应，即

$$Zn + Cu^{2+} \rightleftharpoons Zn^{2+} + Cu$$

由于有外电路的存在，电子便做定向运动，产生电流。此装置是把化学能转变为了电能，这种把化学能转变为电能的装置就被称为原电池。

在原电池中，组成原电池的导体（如铜片和锌片）称为电极，同时规定电子流出的电极称为负极，负极上发生氧化反应；电子流入的电极称为正极，正极上发生还原

反应。例如，在 Cu-Zn 原电池中：

负极（Zn）　　　$Zn(s)-2e^- \longrightarrow Zn^{2+}(aq)$　发生氧化反应

正极（Cu）　　　$Cu^{2+}(aq)+2e^- \longrightarrow Cu(s)$　发生还原反应

Cu^{2+} 即称为氧化态（Ox），Cu 称为还原态（Red）；同理，Zn^{2+} 为氧化态，Zn 为还原态。

盐桥中的 Cl^- 和溶液中的 SO_4^{2-} 向锌半电池移动，盐桥中的 K^+ 和溶液中的 Zn^{2+} 向铜半电池移动，以便保持溶液的电中性。在整个氧化还原反应过程中，得失电子数是相等的。

上述原电池可以用下列电池符号表示：用"｜"表示电极与溶液的界面，用"‖"表示盐桥，从左到右，依次书写负极、负极所在溶液中的离子及其浓度、正极所在溶液中的离子及其浓度、正极。当溶液浓度为 1mol/L 时，可省略不写，若有气体参加应注明其分压。如上述 Cu-Zn 原电池可表示为：

$$(-)Zn|Zn^{2+}(c_1) \| Cu^{2+}(c_2)|Cu(+)$$

二、电极电势

1. 标准氢电极

在 Cu-Zn 原电池中，把两个电极用导线连接后就有电流产生，可见两个电极之间存在一定的电势差，即构成原电池的每个电极都有自己一定的电势，两个电极的电势差值就构成了电池的电动势 E，即

$$E=\varphi(正极)-\varphi(负极)$$

电动势可以用电位计测定，而单个电极的电势 φ 的绝对值却无法测定。但可以人为地定一个标准来测定它的相对值。就像我们把海平面的高度定为零，以测定各山峰相当高度一样。用来测定电极电势的相对标准就是标准氢电极。

标准氢电极是将镀有铂黑的铂片置于氢离子浓度为 1mol/L 的酸溶液中，并不断通入压力为 100kPa 的氢气，使铂黑电极上吸附的氢气达到饱和。吸附在铂黑上的 H_2 和溶液中的 H^+ 建立了如下平衡：

$$2H^+(aq)+2e^- \Longleftrightarrow H_2(g)$$

这就是氢电极的电极反应。这个氢电极可以表示为：$Pt|H_2(g)|H^+$。国际上规定，标准氢电极的电极电势为零，即 $\varphi^\ominus(H^+/H_2)=0V$。

2. 标准电极电势及其测定

用标准氢电极与其他电极组成原电池，测得该原电池的电动势就可以计算出各种电极的电极电势。如果参加电极反应的物质均处于标准态，这时的电极称为标准电极，对应的电极电势称为标准电极电势，用 $\varphi^\ominus$ 表示。所谓的标准态是指组成电极的离子，其浓度为 1mol/L，气体的分压为 100kPa，液体和固体都是纯净物质。温度可

以任意指定，但通常为298K。如果组成原电池的两个电极均为标准电极，这时的电池称为标准电池，对应的电动势用 $E^{\ominus}$ 表示。如

$$E^{\ominus} = \varphi^{\ominus}(H^+/H_2) - \varphi^{\ominus}(Zn^{2+}/Zn) = 0.7618V$$

所以，$\varphi^{\ominus}(Zn^{2+}/Zn) = 0V - 0.7618V = -0.7618V$

用类似的方法可以测得一系列电对的标准电极电势，书后附录列出的为298K时一些氧化还原电对的标准电极电势数据。该表称为标准电极电势表。

使用标准电极电势表时应注意：

① 本书采用的是还原电势，与氧化电势数值相同，符号相反。

② 标准电极电势 $\varphi^{\ominus}$ 与得失电子数无关，即与电极反应中的计量数无关。

例如，下列半反应的系数不同，但电极电势是一样的。

$$I_2 + 2e^- \rightleftharpoons 2I^- \qquad \varphi^{\ominus}(I_2/I^-) = 0.5355V$$

$$1/2 I_2 + e^- \rightleftharpoons I^- \qquad \varphi^{\ominus}(I_2/I^-) = 0.5355V$$

③ 标准电极电势的大小可以判断电对的氧化还原能力，电极电势值越大，氧化态氧化能力越强，电极电势值越小，还原态还原能力越强。

④ 标准电极电势表可分为两种介质：酸性介质和碱性介质。可根据反应的情况查出相应的电极电势。

⑤ $\varphi^{\ominus}$ 是水溶液体系的标准电极电势，对于非标准态、非水溶液体系，不能用 $E^{\ominus}$ 比较物质的氧化还原能力。

三、影响电极电势的因素——能斯特方程

标准电极电势是在标准态及温度通常为298K时测得的。但是绝大多数氧化还原反应都是在非标准状态下进行的。如果浓度和温度发生了改变，电极电势也会跟着改变。电极电势与浓度和温度的定量关系可以用能斯特方程式表示。对于电极反应：

$$a\text{Ox} + ne^- \rightleftharpoons b\text{Red}$$

能斯特方程式表示为

$$\varphi(\text{Ox/Red}) = \varphi^{\ominus}(\text{Ox/Red}) + \frac{RT}{nF}\ln\frac{c^a(\text{Ox})}{c^b(\text{Red})}$$

式中　$\varphi(\text{Ox/Red})$——氧化还原电对在任意浓度时的电极电势，V；

　　　R——气体常数，8.314J/(K·mol)；

　　　F——法拉第常数，96500C/mol；

　　　T——热力学温度，K；

　　　n——电极反应式中转移的电子数。

在温度为298K时，将各常数值代入上式，可得

$$\varphi(\text{Ox/Red}) = \varphi^{\ominus}(\text{Ox/Red}) + \frac{0.0592}{n}\lg\frac{c^a(\text{Ox})}{c^b(\text{Red})}$$

上式可以简写为

$$\varphi(\mathrm{Ox/Red}) = \varphi^{\ominus}(\mathrm{Ox/Red}) + \frac{0.0592}{n}\lg\frac{[\mathrm{Ox}]^a}{[\mathrm{Red}]^b}$$

如 $\varphi^{\ominus}(\mathrm{Zn}^{2+}/\mathrm{Zn})$ 电对的能斯特方程式为：

$$\varphi(\mathrm{Zn}^{2+}/\mathrm{Zn}) = \varphi^{\ominus}(\mathrm{Zn}^{2+}/\mathrm{Zn}) + \frac{0.0592}{2}\lg\frac{[\mathrm{Zn}^{2+}]}{[\mathrm{Zn}]}$$

需要指出的是电位分析法测的是溶液中离子的活度，它与离子的浓度之间的关系是：

$$a = c\gamma$$

式中，γ 是活度系数。当溶液极稀时，γ 趋近于 1，此时可用溶液中离子的浓度代替离子的活度。因此，当溶液浓度很小时，可认为电位分析法测出的是离子的浓度。

应用能斯特方程式时，应注意以下几点：

① 组成电对的物质为固体或纯液体时，浓度可视为 1mol/L。如果是气体，则气体物质用相对压力 $p/p^{\ominus}$ 表示。

② 若氧化态、还原态的系数不等于 1，以它们的系数作为浓度的指数代入。

③ 在电极反应中，除氧化态、还原态物质外，若还有参加电极反应的其他物质如 H^+、OH^- 存在，则应把这些物质的浓度也表示在能斯特方程中。

四、电极电势的应用

1. 判断氧化剂和还原剂的相对强弱

标准电极电势数值的大小反映了处在标准态时物质氧化还原能力的强弱。$\varphi^{\ominus}$ 越大，电对氧化型的氧化性越强；$\varphi^{\ominus}$ 值越小，电对还原型的还原性越强。

【例1-1】 根据标准电极电势，判断下列氧化剂或还原剂的强弱：MnO_4^-/Mn^{2+}、Fe^{3+}/Fe^{2+}、I_2/I^-。

解： 查标准电极电势表

$MnO_4^- + 8H^+ + 5e^- \rightleftharpoons Mn^{2+} + 4H_2O$　　$\varphi^{\ominus}(MnO_4^-/Mn^{2+}) = 1.51V$

$Fe^{3+} + e^- \rightleftharpoons Fe^{2+}$　　$\varphi^{\ominus}(Fe^{3+}/Fe^{2+}) = 0.771V$

$I_2 + 2e^- \rightleftharpoons 2I^-$　　$\varphi^{\ominus}(I_2/I^-) = 0.5355V$

氧化能力：$MnO_4^- > Fe^{3+} > I_2$；还原能力 $I^- > Fe^{2+} > Mn^{2+}$

2. 判断氧化还原反应的方向

通常条件下，氧化还原反应总是由较强的氧化剂与还原剂向着生成较弱的氧化剂和还原剂方向进行。从电极电势的数值来看，当氧化剂电对的电势大于还原剂电对的电势时，反应才可以进行。

反应方向一般是：

强氧化剂1＋强还原剂2 ⇌ 弱还原剂1＋弱氧化剂2

【例1-2】 判断 $2Fe^{3+}+Cu \rightleftharpoons 2Fe^{2+}+Cu^{2+}$ 在标准状态下能否发生。

解： 查表得 $Cu^{2+}+2e^- \rightleftharpoons Cu$ $\varphi^{\ominus}(Cu^{2+}/Cu)=0.337V$

$Fe^{3+}+e^- \rightleftharpoons Fe^{2+}$ $\varphi^{\ominus}(Fe^{3+}/Fe^{2+})=0.771V$

氧化性 $Fe^{3+} > Cu^{2+}$，还原性 $Cu > Fe^{2+}$

反应方向为： $2Fe^{3+}+Cu \rightleftharpoons 2Fe^{2+}+Cu^{2+}$

判断氧化还原反应方向的方法：电池电动势 $E>0$，说明反应可以正向进行，反之则是逆向进行。

3. 判断氧化反应进行的程度

一个化学反应的完成程度可从该反应的平衡常数大小定量地判断。对于一个氧化还原反应，当其电动势为零时即达到平衡，因此可根据标准电极电势求出氧化还原反应的平衡常数。通过热力学的公式推导，反应的电动势 $E^{\ominus}$ 与标准平衡常数有以下关系：

$$\lg K^{\ominus}=\frac{n(\varphi^{\ominus}_{正}-\varphi^{\ominus}_{负})}{0.0592}=\frac{nE^{\ominus}}{0.0592}$$

该式表明，在一定温度下，氧化还原反应的平衡常数与标准电池电动势有关，与反应物的浓度无关。$E^{\ominus}$ 越大，平衡常数就越大，反应进行越完全。因此，可以用 $E^{\ominus}$ 值的大小来估计反应进行的程度。一般来说，$E^{\ominus} \geq 0.2 \sim 0.4V$ 的氧化还原反应，其反应进行的程度已相当完全了。$K^{\ominus}$ 值大小可以说明反应进行的程度，但不能决定反应速率。

【例1-3】 计算Cu-Zn原电池反应的标准平衡常数。

解： Cu-Zn原电池的反应式为 $Zn+Cu^{2+} \rightleftharpoons Zn^{2+}+Cu$

负极：$Zn(s)-2e^- \longrightarrow Zn^{2+}(aq)$ 正极：$Cu^{2+}(aq)+2e^- \longrightarrow Cu(s)$

$E^{\ominus}=\varphi(Cu^{2+}/Cu)-\varphi(Zn^{2+}/Zn)=0.3419-(-0.7618)=1.1037(V)$

$$\lg K^{\ominus}=\frac{nE^{\ominus}}{0.0592}=\frac{2\times 1.1037}{0.0592}=37.29$$

$$K^{\ominus}=1.94\times 10^{37}$$

五、元素电势图及其应用

许多元素都具有多种氧化态，将同一元素的不同氧化态按氧化数由高到低的顺序自左向右排列成行，在相邻的两物种之间连一直线表示电对，并在此直线上方标明该电对的标准电极电势值，由此则构成元素电势图。

如氧的常见氧化态为 0（O_2）、-1（H_2O_2）和 -2（H_2O）。

氧在酸性介质中的元素电势图可表示为

$$\varphi_A^{\ominus}/V \quad O_2 \xrightarrow{0.682} H_2O_2 \xrightarrow{1.77} H_2O$$
$$\xrightarrow{1.229}$$

氧在碱性介质中的元素电势图可表示为

$$\varphi_B^{\ominus}/V \quad O_2 \xrightarrow{0.076} HO_2^- \xrightarrow{0.87} OH^-$$
$$\xrightarrow{0.401}$$

1. 判断某物质能否发生歧化反应

在氧化还原反应中，若某元素的一种中间氧化态同时向较高氧化态和较低氧化态转换，这种反应被称为歧化反应，歧化反应即自身氧化还原反应；相反，如果是由元素较高和较低的两种氧化态相互作用生成其中间氧化态的反应，被称为逆歧化反应。

$$2Cu^+ \rightleftharpoons Cu^{2+} + Cu$$
$$2Fe^{3+} + Fe \rightleftharpoons 3Fe^{2+}$$

前者是歧化反应，后者是逆歧化反应。这可以从它们的元素电势图来分析。

$$\varphi_A^{\ominus}/V \quad Cu^{2+} \xrightarrow{0.158} Cu^+ \xrightarrow{0.522} Cu$$
$$\xrightarrow{0.340}$$

$$\varphi_A^{\ominus}/V \quad Fe^{3+} \xrightarrow{0.770} Fe^{2+} \xrightarrow{-0.409} Fe$$
$$\xrightarrow{-0.036}$$

由个别到一般，歧化反应发生的规律是：当电势图（$M^{2+} \xrightarrow{\varphi_{左}^{\ominus}} M^+ \xrightarrow{\varphi_{右}^{\ominus}} M$）中 $\varphi_{右}^{\ominus} > \varphi_{左}^{\ominus}$ 时，M^+ 容易发生如下歧化反应

$$2M^+ \rightleftharpoons M^{2+} + M$$

反之，当 $\varphi_{右}^{\ominus} < \varphi_{左}^{\ominus}$ 时，M^+ 虽然处于中间氧化值，也不能发生歧化反应，但逆向反应则是可以进行的，即发生如下反应

$$M^{2+} + M \rightleftharpoons 2M^+$$

2. 综合评价元素及其化合物的氧化还原性质

全面分析、比较酸、碱介质中的元素电势图，可以对元素及其化合物的氧化还原性质做出综合评价，得出许多有实际意义的结论。

$$\varphi_A^{\ominus}/V \quad ClO_4^- \xrightarrow{1.19} ClO_3^- \xrightarrow{1.21} HClO_2 \xrightarrow{1.64} HClO \xrightarrow{1.63} Cl_2 \xrightarrow{1.36} Cl^-$$
$$\xrightarrow{1.47}$$

$$\varphi_B^{\ominus}/V \quad ClO_4^- \xrightarrow{0.36} ClO_3^- \xrightarrow{0.33} ClO_2^- \xrightarrow{0.66} ClO^- \xrightarrow{0.42} Cl_2 \xrightarrow{1.36} Cl^-$$
$$\xrightarrow{0.48}$$

从元素电势图可以得出：

① Cl_2 在碱性介质中 $\varphi_{右}^{\ominus} > \varphi_{左}^{\ominus}$，会发生歧化反应。

② 氯的含氧酸较其盐有较强的氧化性。

③ 氧化性是氯元素及其化合物的主要性质，Cl^- 在氯的各种氧化态中具有最高的稳定性。

进度检查

一、填空题

1. 原电池中，负极发生_____反应，正极发生_____反应。

2. Cu-Zn 原电池中，负极的反应式是_____，正极的反应式是_____，整个原电池可表示为_____。

3. 铜-锌原电池中，装满 KCl 饱和溶液（或琼脂状）的 U 形管作用是_____。

4. 电极电势的应用有_____、_____、_____。

二、判断题（正确的在括号内打"√"，错误的打"×"）

1. $\varphi^{\ominus}$ 越大，电对氧化型的氧化性越强；$\varphi^{\ominus}$ 值越小，电对还原型的还原性越强。（   ）

2. 由于 $\varphi^{\ominus}(Cu^+/Cu) = +0.72V$，$\varphi^{\ominus}(I_2/I^-) = +0.536V$，故 Cu^+ 和 I_2 不能发生氧化还原反应。（   ）

3. 在氧化还原反应中，如果两个电对的电极电势相差越大，反应就进行得越快。（   ）

三、思考题

请说明以下术语：原电池、元素电势图。

编号 FJC-72-02

学习单元 1-2　常用电极

学习目标：在完成本单元的学习之后，能够认识分析测定中的常用电极。
职业领域：化工、石油、环保、医药、冶金、建材等
工作范围：分析

我们熟知的将金属浸于含有其盐的溶液（如锌片浸于含有 Zn^{2+} 的溶液）中所构成的电极只是电极中的一种类型。在电化学分析中，所用到的电极种类甚多，电极可根据其作用机理分类，也可按照其性质分类，还可根据其用途分类。

一、按电极的可逆性质分类

按电极是否具有可逆性，可将电极分为可逆电极和不可逆电极，对于电极反应是可逆的（系指当电极通过相反的电流时，电极反应也互为可逆反应）、交换电流很大的电极体系称为"可逆电极"。凡是电极反应为不可逆，或交换电流小的电极均称为"不可逆电极"。

二、按电极电位的作用机理分类

按电极电位的形成机理可将电极分为第一、第二、第三、零类电极及膜电极。

1. 第一类电极

第一类电极即将金属浸于含有该金属离子的盐溶液中所构成的半电池，如上面提到的将金属锌浸于含有 Zn^{2+} 的溶液中的情形。

2. 第二类电极

第二类电极指由一种金属及该金属的微溶盐以及与该微溶盐具有相同阴离子的可溶盐溶液所构成的电极体系。如由 Hg 和 $Hg_2Cl_2(s)$ 及 KCl 溶液组成的电极。

3. 第三类电极

第三类电极指由一种金属、该金属的微溶盐、含有与该微溶盐具有相同阴离子的第二种微溶盐以及与第二种微溶盐具有相同阳离子的可溶盐溶液组成的电极体系。如

Pb、$PbC_2O_2(S)$、$CaC_2O_4(s)$ 及 $CaCl_2$ 溶液组成的电极。

4. 零类电极（又称均相氧化还原电极或惰性气体电极）

零类电极指将一种惰性金属浸于含有两种不同氧化态的某种元素的离子的溶液中所组成的电极体系。如将铂浸入含有 Fe^{3+} 和 Fe^{2+} 的溶液中所组成的电极。一些气体电极如氢电极（$Pt|H^+$，H_2）、氧电极（$Pt|OH^-$，O_2）等均属于此类。

5. 膜电极

膜电极是一类特殊电极，它与上述四种类型的电极的本质区别在于电极电位的形成机理不同，膜电极的电极电位的形成不是电子转移的结果，通常将其视为一个浓差电池，且原则上也用能斯特方程计算其电极电位。

三、按电极的用途分类

1. 标准氢电极

单个的半电池不能独立工作，单独一个电极体系的电位差——电极电位的绝对数值也无法测定。实际上只能测出两个电极的电极电位的差值，即两电极电位的相对大小数值。为比较各种电极的电极电位的相对大小，就要选择一个比较的基准，即以这个电极的电极电位为标准。公认的这样的电极就是在给定条件下的氢电极。这是因为氢电极具有电极反应充分可逆；重现性好，对温度和浓度响应速度快且无滞后效应；稳定性好，制作简便等特点。

2. 参比电极

在电极电位的实际测量中，并不直接使用标准氢电极，而是应用其他一些电极电位确定的电极作为比较的标准，这种在实际工作中用作比较标准的电极就被称为"参比电极"。符合上述要求又较为常用的标准电极主要有饱和甘汞电极、银-氯化银电极。

（1）甘汞电极

甘汞电极是常用于测定溶液 pH 值的参比电极，它是由金属汞、甘汞（Hg_2Cl_2）和氯化钾溶液组成的。其结构见图 1-1。电极上有内外两个玻璃套。管内套管封接一根铂丝，铂丝插在厚度为 0.5～1.0cm 的纯汞中，汞下装有甘汞和汞的糊状物（由汞、甘汞及少量的氯化钾溶液组成）。外套管装有氯化钾溶液，上端有一加液口，用于补充氯化钾溶液，下端熔接玻璃砂芯或陶瓷芯，以便与被测溶液联络，称为液络部。

甘汞电极的电极反应是：

$$Hg_2Cl_2 + 2e^- \rightleftharpoons 2Hg + 2Cl^-$$

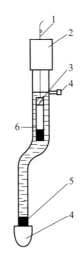

图 1-1 甘汞电极

1—导线；2—绝缘体；3—内部电极；4—橡胶帽；5—多孔物质；6—饱和氯化钾

半电池为 $Hg, Hg_2Cl_2(s) | KCl$

根据能斯特方程，298K 时的电极电位为

$$\varphi(Hg_2Cl_2/Hg) = \varphi^{\ominus}(Hg_2Cl_2/Hg) + \frac{0.0592}{2}\lg\frac{c(Hg_2Cl_2)}{c^2(Hg)c^2(Cl^-)}$$

因为，Hg_2Cl_2 和 Hg 均为固体，上式可写为

$$\varphi(Hg_2Cl_2/Hg) = \varphi^{\ominus}(Hg_2Cl_2/Hg) - 0.0592\lg c(Cl^-)$$

从上式可知，在一定温度下，甘汞电极的电极电位取决于 Cl^- 的活度，即 KCl 溶液的浓度，当使用温度和 Cl^- 活度一定时，甘汞电极的电极电位也为定值，与被测溶液的 pH 无关。甘汞电极按 KCl 浓度不同分为三种，如表 1-1 所示。

表 1-1 甘汞电极的电极电位（25℃）

项目	0.1mol/L 甘汞电极	标准甘汞电极（NCE）	饱和甘汞电极（SCE）
KCl 浓度/(mol/L)	0.1	1.0	饱和溶液
电极电位/V	+0.3365	+0.2828	+0.2438

甘汞电极的使用注意事项如下：

① 使用前应取下电极下端口及上侧加液口的小胶帽，不用时及时盖上。

② 电极内饱和 KCl 溶液的液位应以浸没电极为度，不足时要补加。

③ 为了保证内参比电极溶液是饱和溶液，电极下端要保持少量的 KCl 晶体存在，否则要从补液口补加。

④ 玻璃弯管处如有气泡，将引起电路短路或仪器读数不稳定，使用前应检查并及时排除这里的气泡。

⑤ 使用前要检查电极下端陶瓷芯或玻璃砂芯毛细孔确保畅通，方法是先将电极外部擦干，然后将洁净滤纸紧贴电极下端口片刻，若有湿印则证明畅通。

⑥ 电极在使用中应垂直置于待测溶液中，内参比溶液的液面应较待测溶液的液

面稍高,以防止待测试液渗入电极内。

⑦ 饱和甘汞电极在温度改变时常有滞后反应,因此不宜用在温度变化较大的环境中,但若使用双盐桥型电极,加置盐桥可减小由于温度滞后而引起的电位漂移。

⑧ 饱和甘汞电极在80℃以上电位值不稳定,这时应改用银-氯化银电极。

(2) 银-氯化银电极

银-氯化银电极也是常用的参比电极之一。它由银丝上镀一薄层氯化银,浸于一定浓度的氯化钾溶液中构成。其结构见图1-2。

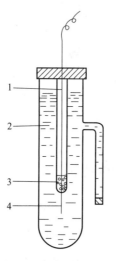

图1-2 银-氯化银电极
1—导线;2—氯化钾溶液;3—汞;4—银丝

银-氯化银电极的电极反应为:$AgCl + e^- \longrightarrow Ag^+ + Cl^-$

其半电池符号为:$Ag, AgCl(s) | KCl$

电极电位(25℃):

$$\varphi(AgCl/Ag) = \varphi^{\ominus}(AgCl/Ag) - 0.0592 \lg c(Cl^-)$$

同甘汞电极一样,在一定温度条件下,银-氯化银电极的电极电位也取决于Cl^-活度(或KCl溶液的浓度)。当使用温度和Cl^-活度一定时,银-氯化银电极的电极电位也为定值。银-氯化银电极按KCl浓度不同分为三种,如表1-2所示。

表1-2 银-氯化银电极的电极电位(25℃)

项目	0.1mol/L 银-氯化银电极	标准银-氯化银电极	饱和银-氯化银电极
KCl浓度/(mol/L)	0.1	1.0	饱和溶液
电极电位/V	+0.2880	+0.2223	+0.2000

银-氯化银电极不像甘汞电极那样有较大的温度滞后效应,在温度高达275℃左右仍可使用,而且有足够的稳定性,在高温下可替代甘汞电极作参比电极。

银-氯化银电极用作外参比电极时,和甘汞电极一样,使用前必须除去电极内的气泡,使用时需竖直放置,内参比溶液也应有足够的高度(高于待测溶液),否则应添加 KCl 溶液。银-氯化银电极所用的 KCl 溶液必须事先用 AgCl 饱和，否则会使电极上的 AgCl 溶解。

3. 指示电极

指示电极的电位随着待测离子活度的变化而改变。为避免共存离子的干扰，要求指示电极对其响应离子应具有较高的选择性。另外，指示电极还应具有灵敏度高、测量浓度范围宽、响应速度快等特点。按结构和原理的不同，可将指示电极分为金属-金属离子电极、金属-金属难溶盐电极、惰性金属电极和离子选择性电极。

(1) 金属-金属离子电极

金属-金属离子电极是将金属浸在含有该金属离子的电解质溶液中组成的，也称第一类电极，简称金属电极。

电极反应为：
$$M^{n+} + ne^- \longrightarrow M$$

25℃时，其电极电位为：
$$\varphi = \varphi^{\ominus} - \frac{0.0592}{n}\lg c(M^{n+})$$

上式表明，该类电极的电极电位仅取决于溶液中金属离子的活度，因此可用金属电极测定溶液中相同金属离子的活度。常用来组成这类电极的金属有银、锌、铜、铅、汞等。

(2) 金属-金属难溶盐电极

将金属表面覆盖一层该金属的难溶盐，然后将其浸在与该难溶盐有相同阴离子的溶液中，即可制成金属-金属难溶盐电极，也称为第二类电极。其电极电位取决于溶液中能与该金属离子生成难溶盐的阴离子的活度，所以又称为阴离子电极。

此类电极作指示电极时，可用来测定并不直接参与电子转移的金属难溶盐的阴离子的活度。由于这类电极电位值稳定、重现性好，因而常被用作参比电极。如前面介绍的参比电极中的甘汞电极、银-氯化银电极均为此类电极。

(3) 惰性金属电极

惰性金属电极也称为零类电极，它是由化学性质稳定的惰性材料，如铂、金、石墨等做成棒状或片状，浸入含有同一元素的两种不同氧化态的离子溶液中组成的。这类电极本身不参加电化学反应，仅起到传导电子的作用。如将铂片插入含有 Fe^{3+} 和 Fe^{2+} 的溶液中，电极反应为
$$Fe^{3+} + e^- \rightleftharpoons Fe^{2+}$$

25℃时，其电极电位为：
$$\varphi = \varphi^{\ominus} + 0.0592\lg\frac{c(Fe^{3+})}{c(Fe^{2+})}$$

上式表明，虽然铂电极本身不参与电极反应，但其电极电位能反映出溶液中 Fe^{3+} 和 Fe^{2+} 活度比值的大小，即惰性金属电极的电位取决于溶液中进行电极反应金

属的氧化态与还原态。正是基于这种特性，此类电极常被选作氧化还原电位滴定中的指示电极。

(4) 离子选择性电极

离子选择性电极是电位分析中最常用的一类指示电极。此类电极是以固态或液态敏感膜作为传感器，通过离子的交换与扩散产生膜电位，而膜电位与溶液中的响应离子的活度之间符合能斯特方程。离子选择性电极的种类很多，每种电极都能选择性测定对该电极有电位响应的特定离子的浓度。

进度检查

一、填空题

1. 电化学分析法是利用溶液的_____性质与电池_____性质之间的关系测定物质含量的方法。

2. 电位分析法是利用_____与_____之间的关系建立起来的一种电化学分析法。它分为_____法和_____法。

3. 常用的指示电极有_____、_____、_____、_____等。

4. 常用的参比电极有_____、_____、_____等。

5. 能斯特方程式在 25℃ 时可表示为_____，其中 $\varphi(Ox/Red)$ 表示_____，a 表示_____。

二、判断题（正确的在括号内打"√"，错误的打"×"）

1. 指示电极是能指示溶液中离子浓度的电极。   （   ）
2. 参比电极的电位与待测离子浓度有关。   （   ）
3. 指示电极电位与溶液的温度无关。   （   ）

三、选择题（将正确答案的序号填入括号内）

1. 饱和甘汞电极内装（   ）。
   A. 0.1mol/L KCl 溶液   B. 1mol/L KCl 溶液
   C. 饱和氯化钾溶液   D. 1mol/L NaCl 溶液

2. 银-氯化银电极的电极反应为（   ）。
   A. $Ag^+ + Cl^- \rightleftharpoons AgCl \downarrow$ B. $2Ag + Cl_2 \rightleftharpoons 2AgCl \downarrow$
   C. $Ag + Cl^- - e^- \rightleftharpoons AgCl$ D. $AgCl + e^- \rightleftharpoons Ag + Cl^-$

3. pH 玻璃电极的结构中有（   ）。
   A. 球形玻璃薄膜   B. 两个玻璃套管
   C. 一根银丝   D. Hg_2Cl_2 固体

> 编号 FJC-72-03
>
> # 学习单元 1-3　电位分析的基本知识
>
> **学习目标**：在完成本单元的学习之后，能够掌握电位分析的基本原理和方法。
> **职业领域**：化学、石油、环保、医药、冶金、建材等
> **工作范围**：分析

一、电位分析法概述

电位分析法是电化学分析法中的一种分析方法。电化学分析法是建立在溶液的电化学性质上的一类仪器分析法。它利用溶液的化学性质与电池的电学性质之间的关系测定物质的含量。常用的电化学分析法有电位分析法、电导分析法、库仑分析法、极谱分析法等。

电位分析法是利用被测离子溶液与电极之间的关系建立起来的一种电化学分析法，它分为直接电位法和电位滴定法。直接电位法是将待测溶液、参比溶液和指示电极组装成原电池，通过测量原电池电动势，根据电动势与待测离子活度之间的关系（符合能斯特方程）来求算待测离子活度的定量分析方法。常用于溶液 pH 和一些离子浓度的测定。电位滴定法是通过滴定过程中指示电极电位的突跃来判断滴定终点到达的分析方法。电位滴定法与普通容量分析的区别就在于判断滴定终点的方法不同，可采用电位滴定的化学反应类型很多，常见的酸碱滴定、氧化还原滴定、沉淀滴定、配位滴定等各类滴定反应都可采用电位滴定法来确定滴定终点。

由于电位分析仪的结构简单，操作方便，易实现自动化，在一些场合可以不破坏溶液直接进行分析，受溶液物理性质（如颜色、浑浊程度、体积大小等）影响较小，测定的是离子活度而不是总浓度，指示电极可做成微电极等优点，电位分析法已在各方面获得了广泛的应用。

二、电位分析法的原理

溶液中的离子活度与电极电位之间的关系符合能斯特方程式。

对于金属离子 M^{n+} 来说，还原态一般都是固体金属，活度均为 1，能斯特方程可以简写为

$$\varphi = \varphi^{\ominus} + \frac{0.0592}{n} \lg a_{M^{n+}}$$

上式表明，溶液的电极电位和离子的活度有关，只要测出溶液的电极电位，就能计算出离子的活度，这就是直接电位法测定的理论依据。

三、直接电位法的测量

直接电位法的测量装置主要由指示电极、参比电极和电位计组成，见图 1-3。

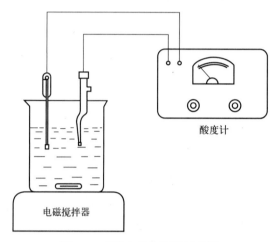

图 1-3　直接电位法测量示意图

图 1-3 中的指示电极是能指示溶液中离子活度（或浓度）的电极。它应符合下列要求：
① 电极电位与离子活度之间的关系符合能斯特方程式。
② 对离子活度响应快，再现性好。
③ 使用方便，结构简单。
常用的指示电极有玻璃电极、惰性金属电极、Hg-EDTA（乙二胺四乙酸）电极、pH 复合电极等。

参比电极是电位值已知的电极。其电位不受待测离子浓度变化的影响，具有较恒定的数值。它是测量电极电位的基准，应符合以下要求：
① 即使测量时有微量电流通过电极，电位值仍能保持不变。
② 对温度或浓度的改变无滞后现象，重现性好。
③ 装置简单，使用寿命长。
常用的参比电极有甘汞电极、银-氯化银电极、标准氢电极等。

指示电极与参比电极一起插入待测溶液中，便构成一个自发电池。通过电位计可测出电池的电动势，求得溶液的电位。

四、直接电位法测定溶液 pH

1. 电池电动势与溶液 pH 值的关系

用酸度计测量溶液 pH 值时，一般以 pH 玻璃电极为指示电极，饱和甘汞电极为参比电极，插入被测溶液中组成电池。电池的正极为饱和甘汞电极，负极为 pH 玻璃电极，装置见图 1-4。

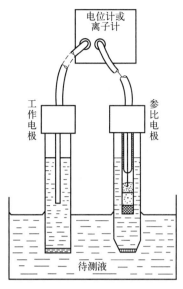

图 1-4 测定 pH 装置图

该电极的电动势可表示为：$E_{电动势} = E_{甘} - E_{玻}$

25℃时，$E_{电动势} = E_{甘} - (K_{玻} - 0.059 \text{pH}) = E_{甘} - K_{玻} + 0.059 \text{pH}$

由于 $E_{甘}$、$K_{玻}$ 对于同一电极都是常数，可以用一个电池常数 $K_{总}$ 表示，则上式可表示为：

$$E_{电动势} = K_{总} + 0.059 \text{pH}$$

这就是电池电动势与被测溶液 pH 值的关系式。该式中的常数 $K_{总}$ 虽是一个常数，却难以测定，通常用两次测量法确定，即：对于同一装置，先用标准 pH 值溶液（以 s 表示）进行校正，然后测得被测溶液（以 x 表示）的 pH 值。则根据上式：

$$E_{电动势 s} = K_{总} + 0.059 \text{pH}_s$$
$$E_{电动势 x} = K_{总} + 0.059 \text{pH}_x$$

两式相减并整理得：

$$\text{pH}_x = \frac{E_{电动势 x} - E_{电动势 s}}{0.059} + \text{pH}_s$$

由此可测得被测溶液的 pH 值。当溶液温度变化时，式中的系数 0.059 会发生变化。例如 20℃时该系数为 0.058，测量时必须进行温度补偿。

2. 溶液 pH 值的测量方法

在实际利用酸度计进行测量时，先将由 pH 玻璃电极和甘汞电极组成的电极系统插入标准 pH 值溶液，用"定位"按钮进行校正，使表头指针指在该溶液的 pH 值处。再将电极系统插入被测溶液中，就可由表头直接读出它的 pH 值。

在使用 pH 玻璃电极时应注意：

① 使用前必须在蒸馏水中浸泡 24h 以上。暂时不用时，可将电极球浸泡在蒸馏水中。使用时玻璃球泡应全部浸入被测溶液中，测量另一溶液时应先用蒸馏水将电极冲洗干净，以免将杂质带进溶液。

② 电极球膜很薄，极易因碰撞或受压而破裂，使用时必须特别小心。

③ 一般玻璃电极的使用温度为 5～50℃。

④ 国产 221 型玻璃电极的 pH 测量范围是 0～10，231 型玻璃电极的 pH 测量范围是 0～14。

⑤ 电极球膜不得接触能腐蚀玻璃的物质，如氟化物、浓硫酸、洗液及浓乙醇溶液等。

进度检查

一、填空题

1. 用酸度计测量溶液的 pH 值时，以_____作为指示电极，作为电池的_____极；以_____作为参比电极，作为电池的_____极。

2. 用酸度计测量溶液 pH 值时，先将电极系统插入_____溶液中进行校正，然后将电极系统插入_____溶液中，就可测出其 pH 值。

3. 电池电动势与溶液 pH 值的关系式是 $E_{电动势}=$_____。

二、判断题（正确的在括号内打"√"，错误的打"×"）

1. 溶液的温度对 pH 值的测量无影响。　　　　　　　　　　　　（　　）
2. 使用玻璃电极时应先在蒸馏水中浸泡 24h 以上。　　　　　　　（　　）
3. 用 221 型玻璃电极可测 pH 为 13 的溶液。　　　　　　　　　　（　　）
4. 使用甘汞电极时应将加液口的橡胶帽打开。　　　　　　　　　（　　）
5. 使用甘汞电极不能直接测量含有 Ag^+ 的溶液。　　　　　　　（　　）

编号 FJC-72-04

学习单元 1-4　酸度计操作

学习目标：在完成本单元的学习之后,能够使用 pHS-3F、pHS-3C 酸度计测定溶液的 pH 值。

职业领域：化学、石油、环保、医药、冶金、建材等

工作范围：分析

所需仪器、药品和设备

序号	名称及说明	数量
1	pHS-3F 型酸度计	1台
2	pHS-3C 型数字精密酸度计	1台
3	pH 玻璃电极	1支
4	pH 复合电极	1支
5	饱和甘汞电极	1支

一、酸度计的结构

酸度计又称 pH 计,是专为测量溶液 pH 值而设计的精度仪器,也可用于测量电极电位（mV）。根据测量要求不同酸度计可分为普通型、精密型和工业型三类。pH 读数精度最低为 0.1,最高为 0.01。酸度计由电极和电计两大部分构成。

1. 电极部分

电极部分由参比电极、指示电极以及相应的电极夹和电极接线柱或插孔组成。其作用是将溶液的活度大小转变为电池电动势。

2. 电计部分

电计部分主要由电源、温度补偿调节器、定位调节器、数据显示器等几部分构成。电源一般为 220V 交流电源。温度补偿调节器用于补偿温度变化所引起的偏差。定位调节器用于已知 pH 值的标准溶液校正仪器,抵消电池常数的影响。数据显示器有指针式、液晶显示式、记录仪等。显示的数据可以是 pH 值,也可以是电极电位值。

二、酸度计的工作原理

酸度计实质上是测量由参比电极、指示电极及溶液组成的电池电动势的电位计。

在测量电池电动势时,为了避免较大的电流使溶液中的离子浓度发生变化,测量必须在几乎没有电流通过的条件下进行。因此酸度计一般为输入阻抗很高的电位计。它通过电子线路将电池产生的信号转换、放大成为可以指示出来的电信号。

酸度计型号较多,不同型号的仪器,其操作键相对位置和外形会稍有不同,但操作键的功能和使用方法都基本相同。本书以目前使用较多的数字式显示的两种酸度计为例来讲述。

三、pHS-3F 型酸度计

(一) pHS-3F 型酸度计的结构

pHS-3F 型酸度计的外形及面板结构见图 1-5 和图 1-6,其配套电极为 pH 复合玻璃电极。

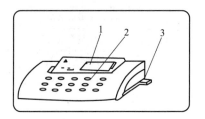

图 1-5　pHS-3F 型酸度计的外形结构
1—显示屏;2—键盘;3—电极架廊

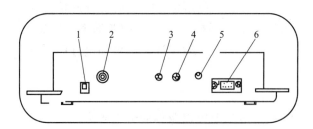

图 1-6　pHS-3F 型酸度计的面板结构
1—电源插座;2—测量电极插座;3—参比电极接线柱;
4—接地接线柱;5—温度传感器插座;6—RS-232 接口

(二) pHS-3F 型酸度计各调节器的作用

1. 仪器功能介绍

该仪器有四种工作状态,即 pH 测量、mV 测量、电极标定和等电位点选择。仪器的工作状态可通过 pH、mV、校准和等电位点键进行切换。仪器在 pH 或 mV 测量工作状态下,有打印、贮存、删除、查阅、保持功能。仪器共有 15 个操作键,分别为：ON/OFF、pH、mV、校准、等电位点、打印 1、打印 2、贮存、删除、查阅、保持、▲、▼、确认和取消。

2．调节器的作用

ON/OFF 键：用于仪器的开机或关机。

pH、mV、校准、等电位点键：仪器在任何工作状态下，按下某一键，自动进入该工作状态。

打印 1、打印 2、贮存、删除、查阅和保持键：仪器处于 pH 或 mV 测量工作状态时，按下某一键，仪器进入相应的功能。

▲、▼键：用于调节参数。

确认键：用于确认仪器进入某一功能。

取消键：用于取消误操作。

（三）pHS-3F 型酸度计的安装和使用

1．pHS-3F 型酸度计的安装

按照图 1-7～图 1-12 的方法安装、连接好仪器。

① 安装多功能电极架，如图 1-7。

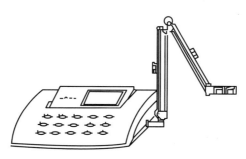

图 1-7　安装多功能电极架

② 安装 pH 复合电极在多功能电极架上，如图 1-8。

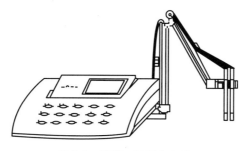

图 1-8　安装 pH 复合电极

③ 拉下 pH 复合电极前段的电极套并移下 pH 复合电极杆上黑色套管，使外参比溶液加液孔露出与大气相通。如图 1-9。

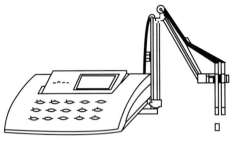

图 1-9　打开复合电极

④ 在测量电极插座处拔去短路插头，然后分别将 pH 复合电极和温度传感器的插头插入测量电极插座和温度传感器插座内。如图 1-10。

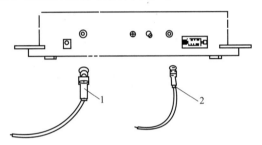

图 1-10　安装 pH 复合电极和温度传感器插头
1—电极插座；2—温度传感器插座

⑤ 用蒸馏水清洗 pH 复合电极和温度传感器，然后将复合电极和温度传感器浸入被测溶液中。如图 1-11。

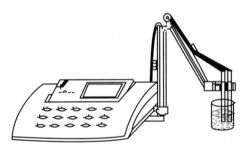

图 1-11　浸入被测溶液

⑥ 通用电源器输出插头插入仪器电源插座内。然后接通通用电源器的电源，仪器可以进行正常操作。如图 1-12。

以上是仪器的安装过程，安装完成后可以进行电极的标定。

2. 电极标定

仪器有自动标定和手动标定两种标定方法。

(1) 自动标定

① 一点标定。一点标定含义是采用一种 pH 标准缓冲溶液对电极系统进行定位，自动校准仪器的定位值在测量精度要求不高的情况下，仪器把 pH 复合电极斜率作为

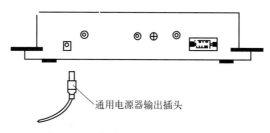

图 1-12 安装通用电源器输出插头

100%，可采用此方法，简化操作。操作步骤如下：

a. 将 pH 复合电极和温度传感器分别插入仪器的测量电极插座和温度传感器插座内，并将该电极用蒸馏水清洗干净，放入 pH 标准缓冲溶液 A 中（规定的五种 pH 标准缓冲溶液中的任意一种）；

b. 在仪器处于任何工作状态下，按"校准"键，仪器即进入"标定 1"工作状态，此时，仪器显示"标定 1"以及当前测得的 pH 值和温度值；

c. 当显示屏上的 pH 值读数趋于稳定后，按"确认"键，仪器显示"标定 1 结束！"以及 pH 值和斜率值，说明仪器已完成一点标定。此时，pH、mV、校准和等电位点键均有效。按下其中某一键，则仪器进入相应的工作状态。

注意：用户定位使用的 pH 标准缓冲溶液的值，应该越接近被测溶液的 pH 值越好。

② 二点标定。二点标定是为了保证 pH 的测量精度。其含义是选用两种 pH 标准缓冲溶液对电极系统进行标定，测得 pH 复合电极的理论斜率和定位值。操作步骤如下：

a. 在完成一点标定后，将电极取出重新用蒸馏水清洗干净，放入 pH 标准缓冲溶液 B 中；

b. 再按"校准"键，使仪器进入"标定 2"工作状态，仪器显示"标定 2"以及当前的 pH 值和温度值；

c. 当显示屏上的 pH 值读数趋于稳定后，按下"确认"键，仪器显示"标定 2 结束！"以及 pH 值和斜率值，说明仪器已完成二点标定。

此时，pH、mV 和等电位点键均有效。如按下其中某一键，则仪器进入相应的工作状态。

注：仪器经过标定后得到的参数值关机后不会丢失。

(2) 手动标定

① 一点标定。仪器在必要时或在特殊情况下可进行手动标定，操作步骤如下：

a. 将 pH 复合电极和温度传感器分别插入仪器的测量电极插座和温度传感器插座内，并将该电极用蒸馏水清洗干净，放入 pH 标准缓冲溶液 A 中（规定的五种 pH 标准缓冲溶液中的任意一种）；

b. 在仪器处于任何工作状态下，按"校准"键，再按"▲、▼"键，使仪器处于"手动标定"状态，再按"确认"键，仪器即进入"标定1"工作状态，此时，仪器显示"标定1"以及当前测得的pH值和温度值；

c. 当显示屏上的pH值读数趋于稳定后，按"▲、▼"键调节仪器显示值为标准缓冲溶液A的pH值，再按"确认"键，仪器显示"标定1结束！"以及pH值和斜率值，说明仪器已完成一点标定。

此时，pH、mV、校准和等电位点键均有效。如按下其中某一键，则仪器进入相应的工作状态。

注：用户定位所用的pH标准缓冲溶液的值，应该愈接近被测溶液的pH值愈好。

② 二点标定

a. 在完成一点标定后，将电极取出重新用蒸馏水清洗干净，放入pH标准缓冲溶液B中；

b. 再按"校准"键，使仪器进入"标定2"工作状态，仪器显示"标定2"以及当前的pH值和温度值；

c. 当显示屏上的pH值读数趋于稳定后，按"▲、▼"调节仪器显示值为标准缓冲溶液B的pH值，再按"确认"键，仪器显示"标定2结束！"以及pH值和斜率值，说明仪器已完成二点标定。

3. pH值测量

开机，如用户不需对pH复合电极进行校准，则仪器自动进入pH测量工作状态；不论仪器处于何种工作状态，按"pH"键，仪器即进入pH测量工作状态，仪器显示当前溶液的pH值、温度值以及电极的理论斜率和选择的等电位点。若需对pH电极进行标定，则可按本节中"电极标定"进行操作，然后再按"pH"键仪器进入pH测量状态。

四、 pHS-3C型酸度计

（一） pHS-3C型酸度计的结构

仪器外观结构及仪器后面板见图1-13、图1-14。

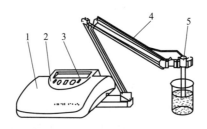

图1-13 仪器外观结构

1—机箱；2—键盘；3—显示屏；4—多功能电极架；5—电极

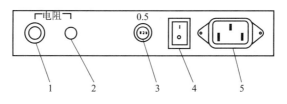

图 1-14　仪器后面板

1—测量电极插座；2—参比电极接口；3—保险丝；4—电源开关；5—电源插座

（二）pHS-3C 型酸度计各调节器的作用

① "pH/mV" 键。此键为 pH、mV 选择键，按一次进入 "pH" 测量状态；再按一次进入 "mV" 测量状态。

② "定位" 键。此键为定位选择键，按此键上部 "△" 为调节定位数值上升；按此键下部 "▽" 为调节定位数值下降。

③ "斜率" 键。此键为斜率选择键，按此键上部 "△" 为调节斜率数值上升；按此键下部 "▽" 为调节斜率数值下降。

④ "温度" 键。此键为温度选择键，按此键上部 "△" 为调节温度数值上升；按此键下部 "▽" 为调节温度数值下降。

⑤ "确认" 键。此键为确认键，按此键为确认上一步操作。此键的另外一种功能是如果仪器因操作不当出现不正常现象时，可按住此键，然后将电源开关打开，使仪器恢复初始状态。

（三）pHS-3C 型酸度计的安装和使用

1. 开机前的准备

① 将多功能电极架插入多功能电极架插座中。
② 将 pH 复合电极安装在电极架上。
③ 将 pH 复合电极下端的电极保护套拔下，并且拉下电极上端的橡皮套使其露出上端小孔。
④ 用蒸馏水清洗电极。

2. 标定

仪器使用前首先要标定。一般情况下仪器在连续使用时，每天要标定一次。
① 在测量电极插座处拔掉 Q9 短路插头。
② 在测量电极插座处插入复合电极。
③ 如不用复合电极，则在测量电极插座处插入玻璃电极插头，参比电极接入参比电极接口处。
④ 打开电源开关，按 "pH/mV" 按钮，使仪器进入 pH 测量状态。

模块 1　酸度计的使用

⑤ 按"温度"按钮，使显示为溶液温度值（此时温度指示灯亮），然后按"确认"键，仪器确定溶液温度后回到 pH 测量状态。

⑥ 把用蒸馏水清洗过的电极插入 pH＝6.86 的标准缓冲溶液中，待读数稳定后按"定位"键（此时 pH 指示灯慢闪烁，表明仪器在定位标定状态）使读数为该溶液当时温度下的 pH 值（例如混合磷酸盐 10℃时，pH＝6.92），然后按"确认"键，仪器进入 pH 测量状态，pH 指示灯停止闪烁。

⑦ 把用蒸馏水清洗过的电极插入 pH＝4.00（或 pH＝9.18）的标准缓冲溶液中，待读数稳定后按"斜率"键（此时 pH 指示灯快闪烁，表明仪器在斜率标定状态）使读数为该溶液当时温度下的 pH 值（例如磷苯二甲酸氢钾 10℃时，pH＝4.00），然后按"确认"键，仪器进入 pH 测量状态，pH 指示灯停止闪烁，标定完成。

⑧ 用蒸馏水清洗电极后即可对被测溶液进行测量。

如果在标定过程中操作失误或按键按错而使仪器测量不正常，可关闭电源，然后按住"确认"键再开启电源，使仪器恢复初始状态。然后重新标定。

注意：经标定后，"定位"键及"斜率"键不能再按，如果触动此键，此时仪器 pH 指示灯闪烁，请不要按"确认"键，而是按"pH/mV"键，使仪器重新进入 pH 测量即可，而无须再进行标定。

标定的缓冲溶液一般第一次用 pH＝6.86 的溶液，第二次用接近被测溶液 pH 值的缓冲液，如被测溶液为酸性时，应选 pH＝4.00 的缓冲溶液；如被测溶液为碱性时则选 pH＝9.18 的缓冲溶液。

一般情况下，在 24h 内仪器不需再标定。

3. 测量 pH 值

经标定过的仪器，即可用来测量被测溶液，被测溶液与标定溶液温度是否相同，所引起的测量步骤也有所不同。具体操作步骤如下。

(1) 被测溶液与定位溶液温度相同时

测量步骤如下：

① 用蒸馏水清洗电极头部，再用被测溶液清洗一次；

② 把电极浸入被测溶液中，用玻璃棒搅拌，使溶液均匀，在显示屏上读出溶液的 pH 值。

(2) 被测溶液和定位溶液温度不同时

测量步骤如下：

① 用蒸馏水清洗电极头部，再用被测溶液清洗一次；

② 用温度计测出被测溶液的温度值；

③ 按"温度"键，使仪器显示为被测溶液温度值，然后按"确认"键；

④ 把电极插入被测溶液内，用玻璃棒搅拌溶液，使溶液均匀后读出该溶液的 pH 值。

4. 测量电极电位

① 把离子选择电极（或金属电极）和参比电极夹在电极架上。

② 用蒸馏水清洗电极头部，再用被测溶液清洗一次。

③ 把离子电极的插头插入测量电极插座处。

④ 把参比电极接入仪器后部的参比电极接口处。

⑤ 把两种电极插在被测溶液内，将溶液搅拌均匀后，即可在显示屏上读出该离子选择电极的电极电位，还可自动显示±极性。如果被测信号超出仪器的测量范围，或测量端开路时，显示屏会不亮，作超载报警。

⑥ 使用金属电极测量电极电位时，用带夹子的 Q9 插头，Q9 插头接入测量电极插座处，夹子与金属电极导线相接；或用电极转换器，将电极转换器的一头接测量电极插座处，金属电极与转换器接续器相连接。参比电极接入参比电极接口处。

进度检查

一、填空题

1. pHS-3C 型酸度计的配套电极为_____和_____。

2. 为了避免较大的电流使溶液的_____发生变化，测量电池电动势必须在_____条件下进行。因此酸度计一般是_____很高的酸度计。

3. 安装在电极夹上的甘汞电极下端应比玻璃电极下端_____。

4. 待测溶液的 pH 值应是_____值与_____值之和。

二、操作题

用 pHS-3C 型酸度计进行下列操作，由教师检查是否正确：

1. 用温度补偿旋钮进行温度补偿的操作　　　　　　　　　是☐　否☐
2. 用校正旋钮进行校正的操作　　　　　　　　　　　　　是☐　否☐
3. 用定位旋钮进行定位的操作　　　　　　　　　　　　　是☐　否☐
4. 温度与标准溶液相同的待测溶液的 pH 值测量操作　　　是☐　否☐
5. 温度与标准溶液不同的待测溶液 pH 值的测量操作　　　是☐　否☐
6. 电池电动势的测量操作　　　　　　　　　　　　　　　是☐　否☐

编号 FJC-72-05

学习单元 1-5 液体采样现场 pH 的测定

学习目标：在完成本单元的学习之后，能够使用便携式酸度计测定采样现场溶液的 pH 值。

职业领域：化学、石油、环保、医药、冶金、建材等

工作范围：分析

所需仪器、药品和设备

序号	名称及说明	数量
1	pHB-4 便携式酸度计	1 台
2	pH 玻璃电极	1 支
3	pH 复合电极	1 支
4	饱和甘汞电极	1 支

一、pHB-4 便携式酸度计主要特点

pHB-4 便携式酸度计主要特点如下：

① 液晶显示（LCD），同时显示 pH 值和温度值；

② 自动校准，自动温度补偿；

③ 有两个系列的 pH 标准缓冲溶液可以选择——中国系列和欧美系列；

④ 温度单位℃及℉（$1℉ = \frac{5}{9}℃$）可自行选择；

⑤ 低电压显示，15min 自动关机。

二、便携式酸度计的使用

1. 仪器的开机

按一下仪器的"模式/电源"键，仪器即进入 pH 测量状态。

2. 仪器的温度设置

当仪器在 pH 测量状态下，按仪器的"▲"或者"▼"键，仪器的"℃"符号会闪耀，当调整到所需的温度值时，按仪器的"确认"键，仪器的"℃"符号停止闪耀，把设置的温度值存入仪器内，仪器自动返回到 pH 测量状态。

3. 仪器的标定

仪器在使用前，即测量溶液 pH 值前，先要进行标定。但并不是每次使用前都要进行标定，一般当测量间隔时间比较短的情况下，每天标定一次即可。

本仪器可以采用一点标定，也可以进行二点标定；仪器具有自动认知标定和手动标定功能，具体操作方法如下。

(1) 一点标定

注意：仪器使用一点标定时，其斜率值使用的是上一次的标定值。

① 按一下"模式/电源"键，接通电源，仪器进入"pH"测量状态。

② 按"▲"或"▼"键，调整仪器的温度显示值，使仪器温度显示值与使用的标准溶液的温度值相一致（按"▲"或"▼"键时，仪器的"℃"符号会闪耀），然后按仪器的"确认"键，把设置的温度值存入仪器内，仪器自动返回到 pH 测量状态。

③ 按仪器的"模式/电源"键二次，使仪器显示"定位"并且闪耀，表明仪器进入第一点标定状态。

④ 首先用蒸馏水清洗电极，然后在三种 pH 缓冲溶液中选择一种与被测溶液 pH 值比较接近的 pH 缓冲溶液。把电极插入此标准溶液中，同时利用电极轻轻搅拌，然后停止搅拌，轻轻地把电极置于溶液中，等待仪器的读数稳定。

⑤ 当使用仪器的自动认知标定功能进行标定时，按仪器的"确认"键，仪器显示该标准溶液在当前温度下的 pH 值，然后仪器显示"斜率"符号并闪耀，按仪器的"模式/电源"键，仪器的一点标定完成，可以进行测量。

⑥ 当使用仪器的手动标定功能时，按仪器的"▲"或"▼"键，使仪器显示读数与该缓冲溶液当时温度下的 pH 值相一致（如使用混合磷酸盐定位温度为 10℃ 时，pH＝6.92），按仪器的"确认"键，仪器显示该标准溶液在当时温度下的 pH 值，然后仪器显示"斜率"符号并闪耀，按仪器的"模式/电源"键，仪器的一点标定完成，可以进行测量。

(2) 二点标定

① 按一点标定的方法进行第一点的标定，在仪器显示"斜率"符号并闪耀时，表明仪器进入第二点标定状态。

② 取出插在 pH 缓冲溶液中的电极，用蒸馏水清洗，把清洗过的电极插入另一种 pH 缓冲溶液中，同时利用电极轻轻搅拌，然后停止搅拌，轻轻地把电极置于溶液中，等待仪器的读数稳定。

③ 当使用仪器的自动认知标定功能进行标定时，按仪器的"确认"键，仪器二点标定完成，自动进入测量状态。

④ 当使用仪器的手动标定功能时，按仪器的"▲"或"▼"键，使仪器显示读数与该缓冲溶液当时温度下的 pH 值相一致（如用四硼酸钠盐标定温度为 10℃ 时，pH＝9.33），按仪器的"确认"键，仪器二点标定完成，自动进入测量状态。

⑤ 在二点标定按"确认"后，如果仪器显示"Er1"，大约4s后仪器全屏显示，之后进入pH测量状态，表明仪器二点标定失败，仪器会自动恢复到出厂时的参数。

出现此现象有以下两个原因：第一，当使用自动认知标定功能时，由于pH复合电极的老化，其性能没有达到规定的要求，这时可以改用手动标定功能进行重新标定，如果还是出现"Er1"，说明电极已经完全失效，这时必须更换电极，然后重新进行标定。第二，由于使用人员的错误操作，如使用了同一种标准溶液进行了二点标定或在手动标定时把第一种标准溶液误认为第二种标准溶液。

4. 使用仪器进行 pH 值的测量

经标定的仪器就可以进行pH值的测量（在不进行新的标定前仪器存储最后一次标定的参数），但遇到下列情况时，仪器必须重新标定：

① 溶液温度与标定时的温度有很大的变化；
② 离开溶液时间过久的电极；
③ 换用了新的复合电极；
④ 测量浓酸（pH<2）或浓碱（pH>12）之后；
⑤ 测量含有氟化物的溶液而酸度在pH<7的溶液或较浓的有机溶液之后。

当被测溶液的温度与标定时缓冲溶液温度不同时，必须将温度重新设置为被测溶液温度（设置方法见"仪器的温度设置"）即可测量溶液的pH值。

5. 使用仪器进行电极电位测量

① 按一下仪器的"模式/电源"键接通电源，仪器即进入"pH"测量模式，再按一下仪器的"模式/电源"键，仪器进入"mV"测量模式，就可以进行电极电位测量；
② 接上各种适当的离子选择电极；
③ 用蒸馏水清洗电极，用滤纸吸干；
④ 把电极插在被测溶液内，即可读出该离子选择电极电极电位值并自动显示±极性。

6. 仪器的关机

在任何工作状态下，按住仪器的"模式/电源"键大约4s，显示屏无任何显示，释放"模式/电源"键，仪器进入关机状态。

进度检查

操作题

用pHB-4便携式酸度计进行测定5份锅炉水样pH值的操作，由教师检查是否正确：

1. 准备工作 　　　　　　　　　是□　否□
2. 校正 　　　　　　　　　　　是□　否□
3. 测量 　　　　　　　　　　　是□　否□
4. 结束工作 　　　　　　　　　是□　否□
5. 测定结果 　　　　　　　　　是□　否□

编号 FJC-72-06

学习单元 1-6　酸度计测定溶液 pH 值的原理

学习目标： 在完成本单元的学习之后，掌握用酸度计测量溶液 pH 的原理，熟悉酸度计的构造和工作原理，掌握酸度计的操作方法，能用酸度计测定出试液的 pH 值。学会 pH 复合玻璃电极的使用及维护方法。能够使用 pHS-3F、pHS-3C 酸度计测定水样的 pH 值。

职业领域： 化学、石油、环保、医药、冶金、建材等

工作范围： 分析

所需仪器、药品和设备

序号	名称及说明	数量
1	pHS-3F 型酸度计	1 台
2	pHS-3C 型数字精密酸度计	1 台
3	pH 玻璃电极	1 支
4	pH 复合电极	1 支
5	饱和甘汞电极	1 支

一、基本原理

在实际生产中，常利用直接电位法准确测量水溶液的 pH 值，所采用的仪器为酸度计。酸度计由玻璃电极（指示电极）、饱和甘汞电极（参比电极）和一个精密毫伏计组成。测量溶液 pH 值时，常采用相对方法，即选用 pH 已知的标准缓冲溶液与待测溶液进行比较而得到待测溶液的 pH。pH 与所测电动势之间的关系为

$$pH_x = \frac{E_{电动势x} - E_{电动势s}}{0.059} + pH_s$$

式中，pH_x 和 pH_s 分别为待测溶液和标准溶液的 pH。

测定 pH 用的仪器是按照上述原理设计制作的，在测量待测溶液之前要先用标准缓冲溶液对仪器进行标定，然后测定待测溶液的 pH。仪器标定方法有一点标定法（单标准 pH 缓冲溶液法）和二点标定法（双标准 pH 缓冲溶液法）。在要求精度不高时，可采用一点标定法。如果要提高测量的准确度，则需要采用二点标定法。标准缓冲溶液的 pH 是否准确可靠，是准确测量 pH 的关键。

二、仪器与试剂

1. 仪器

酸度计、pH 玻璃电极和饱和甘汞电极（或 pH 复合电极）、温度计、广泛 pH

试纸。

2. 试剂

① 邻苯二甲酸氢钾标准缓冲溶液（pH＝4.00）。称取先在 110～130℃ 干燥 2～3h 的邻苯二甲酸氢钾 10.12g，溶于蒸馏水，并在容量瓶中稀释定容至 1L。

② 混合磷酸盐标准缓冲溶液（pH＝6.86）。分别称取先在 110～130℃ 干燥 2～3h 的磷酸二氢钾 3.388g 和磷酸氢二钠 3.533g，溶于蒸馏水，并在容量瓶中稀释至 1L。

③ 硼砂标准缓冲溶液（pH＝9.18）。称取硼砂 3.80g 溶于蒸馏水，并在容量瓶中稀释至 1L。

④ 待测试液两份：试液 1、2。

三、实验步骤

1. 准备工作

① 按上述要求将所需标准缓冲溶液和待测试液准备好。

② 安装 pHS-3C 数字式酸度计，将已在饱和 KCl 溶液中浸泡 24h 的 pH 复合玻璃电极插入复合电极插座，将电极夹持在电极支架上，用蒸馏水清洗电极，并用洁净的滤纸吸取吸附在电极上面的水。

③ 用广泛 pH 试纸预测待测试液的 pH，确定标定所用的标准缓冲溶液，用温度计测定溶液的温度。

2. 一点标定法测量溶液的 pH

一点标定法适合于一般要求，即待测溶液的 pH 与标准缓冲溶液的 pH 之差小于 3 个 pH 单位。

① 将选择开关置于"pH"挡，按"温度"键，使显示屏上显示的数值与待测溶液当前温度一致。

② 根据预测的待测试液 pH 值，选用 pH 接近的标准缓冲溶液对仪器进行标定。方法是：将选择开关置于"pH"挡，按"定位"旋钮，使显示值稳定在该标准缓冲溶液的 pH。

③ 取出电极，在蒸馏水中清洗干净，用洁净滤纸吸干电极上面的水。

④ 将电极置于待测试液中，待显示值稳定后读取 pH，记录数据。测量完毕，清洗电极，并将玻璃电极浸泡在蒸馏水中。

3. 二点标定法测量溶液的 pH

为了获得高精度的 pH，通常用两个标准缓冲溶液进行定位校准仪器，并且要求未知溶液的 pH 尽可能落在这两个标准缓冲溶液 pH 之间。

① 将电极放入邻苯二甲酸氢钾标准缓冲溶液中，把选择开关置于"温度"按钮，

调节"温度补偿"旋钮，使数码管显示的数值与待测溶液当前温度一致。

② 将选择开关置于"pH"挡，按"温度"键，使显示屏上显示的数值与待测溶液当前温度一致。

③ 把用蒸馏水清洗过的电极插入 pH＝6.86 的混合磷酸盐标准缓冲溶液中，待读数稳定后按"定位"键，使读数为该溶液当时温度下的 pH 值，然后按"确认"键，仪器进入 pH 测量状态，pH 指示灯停止闪烁。

④ 取出电极，在蒸馏水中清洗干净，用洁净滤纸吸干电极上面的水。

⑤ 把用蒸馏水清洗过的电极插入 pH＝4.00（或 pH＝9.18）的标准缓冲溶液中，待读数稳定后按"斜率"键，使读数为该溶液当时温度下的 pH 值，然后按"确认"键，仪器进入 pH 测量状态，pH 指示灯停止闪烁，标定完成。

⑥ 将清洗干净的电极浸入待测溶液 1 中，待显示值稳定后直接读出待测试液的 pH。

四、注意事项

① 配制标准缓冲溶液所用的蒸馏水须是预先煮沸且冷却至室温的蒸馏水，目的是除去水中溶解的二氧化碳。因为二氧化碳的存在会使配制的标准缓冲溶液 pH 降低。

② pH 复合电极端部严禁沾污，如电极被污染，可用清洁脱脂棉轻擦或用稀盐酸清洗。

③ 测量溶液 pH 时，如果电极响应时间过长，说明电极使用过久发生老化，需要更换新的电极。

④ 标定的缓冲溶液一般第一次用 pH＝6.86 的溶液，第二次用接近被测溶液 pH 值的缓冲液，如被测溶液为酸性时，缓冲溶液应选 pH＝4.00；如被测溶液为碱性时则选 pH＝9.18 的缓冲溶液。

⑤ 一般情况下，在 24h 内仪器不需再标定。

进度检查

一、填空题

1. 在一定条件下，由_____、_____和_____组成的电池的电动势是被测溶液 pH 值的_____函数。

2. 在实际工作中必须用_____校正酸度计，然后可用该酸度计_____测量溶液的 pH 值。

二、操作题

用 pHS-3C 型酸度计进行测定 5 份锅炉水样 pH 值的操作，由教师检查是否正确：
    1. 准备工作   是☐   否☐

    2. 校正   是☐   否☐

    3. 测量   是☐   否☐

    4. 结束工作   是☐   否☐

    5. 测定结果   是☐   否☐

编号 FJC-72-07

学习单元 1-7　啤酒总酸的测定

学习目标： 在完成本单元的学习之后，能够使用 pHS-3F、pHS-3C 酸度计测定啤酒总酸。

职业领域： 化学、石油、环保、医药、冶金、建材等

工作范围： 分析

所需仪器、药品和设备

序号	名称及说明	数量
1	pHS-3F 型酸度计	1 台
2	pH 玻璃电极	1 支
3	pH 复合电极	1 支
4	饱和甘汞电极	1 支
5	电磁搅拌器	1 台
6	恒温水浴锅	1 台
7	碱式滴定管	1 支
8	移液管	1 支
9	啤酒	
10	氢氧化钠标准溶液	

一、实验原理

啤酒总酸是衡量啤酒中各种酸总量的指标，用中和 100mL 脱气啤酒至 pH=9.00 所消耗的 0.1mol/L 的氢氧化钠标准溶液的体积（mL）来表示。小于等于 12°的啤酒总酸应消耗小于等于 2.6mL 的 0.1mol/L 的氢氧化钠标准溶液。

利用酸碱中和原理，用氢氧化钠标准溶液直接滴定一定量的样品溶液，用酸度计指示滴定终点，当 pH=9.0 时，即滴定终点。

二、实验步骤

1. 酸度计的校正

按仪器说明书对 pH 玻璃电极和甘汞电极进行处理，取下饱和甘汞电极胶帽及加液孔胶塞和下端的胶帽，用 pH=9.18 标准缓冲溶液校正。

2. 样品的处理

用移液管移取 50.00mL 已除气的样品于 100mL 烧杯中，于 40℃ 恒温水浴中保温 30min，并不时振摇和搅拌，以除去残余的二氧化碳。取出冷却至室温。

3. 样品的测量

将盛有样品的烧杯置于电磁搅拌器上，投入搅拌磁子，插入 pH 玻璃电极和饱和甘汞电极，开动电磁搅拌器，用氢氧化钠标准溶液滴定至 pH＝9.0 即终点。记录氢氧化钠标准溶液的用量。平行测定三次。计算样品中的总酸含量。

三、注意事项

① 在滴定过程中溶液的 pH 值没有明显的突跃变化，所以在接近终点时滴定要慢，以减少终点时的误差。

② 平行测定结果的允许差小于等于 0.1%。

进度检查

思考题

如何减小由突跃变化不明显所带来的滴定误差？

编号 FJC-72-08

学习单元 1-8 酸度计的维护和保养

学习目标：在完成本单元的学习之后，能够维护和保养 pHS-3F、pHS-3C 酸度计，排除简单的故障。
职业领域：化学、石油、环保、医药、冶金、建材等
工作范围：分析

一、pHS-3F 型酸度计的维护与维修

1. 电极使用及维护

① 电极在测量前必须用已知 pH 值的标准缓冲溶液进行定位校准，其值愈接近被测值愈好。

② 取下电极套后，应避免电极的敏感玻璃泡与硬物接触，因为任何破损或擦毛都使电极失效。

③ 测完后，及时将电极保护套套上，电极套内应放少量外参比补充液以保持电极球泡的湿润。切忌浸泡在蒸馏水中。

④ 复合电极的外参比补充液为 3mol/L 氯化钾溶液，补充液可以从电极上端小孔加入，复合电极不使用时，拉上橡皮套，防止补充液干涸。

⑤ 电极的引出端必须保持清洁干燥，绝对防止输出两端短路，否则将导致测量失准或失效。

⑥ 电极应与输入阻抗较高的酸度计（$\geqslant 10^{12}\Omega$）配套，以使其保持良好的特性。

⑦ 电极应避免长期浸在蒸馏水、蛋白质溶液和酸性氟化物溶液中。

⑧ 电极应避免与有机硅油接触。

⑨ 电极经长期使用后，如发现斜率略有降低，则可把电极下端浸泡在 4% HF（氢氟酸）中 3~5s，用蒸馏水洗净，然后在 0.1mol/L 盐酸溶液中浸泡，使之复新。

⑩ 被测溶液中如含有易污染敏感球泡或堵塞液接界的物质而使电极钝化，会出现斜率降低，显示读数不准现象。如发生该现象，则应根据污染物质的性质，用适当溶液清洗，使电极复新。

⑪ 仪器的输入端（测量电极的插座）必须保持干燥清洁。仪器不用时，将 Q9 短路插头插入插座，防止灰尘及水汽浸入。

2. 维修

① 开机前，须检查电源是否接妥，应保证仪器良好接地。电极的连接须可靠，

防止腐蚀性气体侵蚀。

② 接通电源后，若显示屏不亮，应检查电源器是否有电压输出。

③ 若仪器显示的pH值不正常，应检查复合电极插口是否接触良好，电极内溶液是否充满，若仍不能正常工作，则可更换电极。

3. 注意事项

① 选用清洗剂时，不能用四氯化碳、三氯乙烯、四氢呋喃等能溶解聚碳酸树脂的清洗液，因为电极外壳是用聚碳酸树脂制成的，其溶解后极易污染敏感玻璃球泡，从而使电极失效。也不能用复合电极去测上述溶液。

② pH复合电极使用时，最容易出现问题的地方为外参比电极的液接界处，液接界处的堵塞是产生误差的主要原因。

pHS-3F型酸度计使用注意事项的图示内容见图1-15。

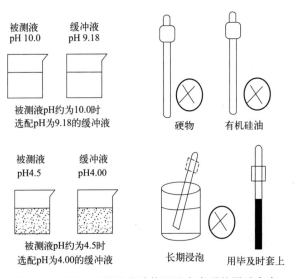

图 1-15 pHS-3F 型酸度计使用注意事项的图示内容

二、pHS-3C 型酸度计的维护

仪器的正确使用与维护，可保证仪器正常、可靠地使用，特别是酸度计这一类的仪器，它必须具有很高的输入阻抗，而使用环境需经常接触化学药品，所以更需合理维护。

① 仪器的输入端（测量电极插座）必须保持干燥清洁。仪器不用时，将Q9短路插头插入插座，防止灰尘及水汽浸入。

② 电极转换器（选购件）专为配用其他电极时使用，平时注意防潮防尘。

③ 测量时，电极的引入导线应保持静止，否则会引起测量不稳定。

④ 仪器所使用的电源应有良好的接地。

⑤ 仪器采用了 MOS 集成电路，因此在检修时应保证电路有良好的接地。

⑥ 用缓冲溶液标定仪器时，要保证缓冲溶液的可靠性，不能配错缓冲溶液，否则将导致测量结果产生误差。

进度检查

一、填空题

1. 酸度计应放在_____、_____的室内。
2. 玻璃电极插口在不用时应插入_____以防止_____。
3. 若酸度计长时间工作，中途应用标准溶液_____。若长时间不用，应每隔一段时间_____。

二、判断题（正确的在括号内打"√"，错误的打"×"）

1. 酸度计指示灯不亮，可能是保险丝烧断。　　　　　　　　　　　（　　）
2. 电表指示灯不稳定，可能是玻璃电极被沾污。　　　　　　　　　（　　）
3. 若仪器没有接地，则可能导致电表指针不动。　　　　　　　　　（　　）

素质拓展阅读

用酸度计测定溶液 pH 值分析技能考试内容及评分标准

一、考试内容

用 pHS-3C 型酸度计进行测定 5 份水样 pH 值的操作。

二、评分标准

1. 准备工作（20 分）

（1）调零（5 分）

（2）接地（2 分）

（3）安装电极系统（10 分）

（4）预热（3 分）

2. 校正（30 分）

（1）注入标准溶液（5 分）

（2）进行标准溶液温度补偿（5 分）

（3）校正（10 分）

（4）定位（10 分）

3. 测量（45 分）

（1）用水样替换标准溶液（10 分）

(2) 进行水样温度补偿（10分）

(3) 校正（10分）

(4) 测量、读数、记录（10分）

(5) 测定结果（5分）

4. 结束工作（5分）

(1) 清洁（2分）

(2) 仪器归位（3分）

素质拓展阅读

中国光伏发展历程

一、光伏简介

1. 定义

光伏（PV），又称为光生伏特效应（photovoltaic）。光伏发电是利用半导体界面的光生伏特效应而将光能直接转变为电能的一种技术。在实际应用中通常指太阳能向电能的转换，即太阳能光伏。

2. 发电原理

太阳光照在半导体 p-n 结上，形成新的空穴-电子对，在 p-n 结内键电场的作用下，空穴由 n 区流向 p 区，电子由 p 区流向 n 区，接通电路后就形成电流。

简单来说，就是利用光伏效应，将太阳辐射能直接转换成电能，光电转换的基本装置就是太阳能电池。太阳能电池的核心器件是半导体光电二极管，当太阳光照到光电二极管上时，光电二极管就会把太阳的光能变成电能，产生电流。

二、发展历程

1. 光伏的成长历史

① 从 1839 年法国科学家 E. Becquerel 发现液体的光生伏特效应（简称光伏现象）算起，太阳能电池已经经过了 180 多年的发展历史。

② 1958，中国研制出了首块硅单晶。

③ 1968 年至 1969 年底，"实践 1 号卫星"研制和硅太阳能电池板的生产均离不开半导体。

④ 1975 年宁波、开封先后成立太阳能电池厂。

⑤ 1998 年，我国开始关注太阳能发电，建立第一套 3MW 多晶硅电池及应用系统示范项目。

⑥ 2007 年，中国成为生产太阳能电池最多的国家，产量从 2006 年的 400MW 一跃达到 1088MW，成为世界第一大太阳能电池生产国。

⑦ 截至 2016 年 9 月底，我国光伏发电累计装机容量 7075 万 kW，成为全球光伏发电装机容量最大的国家。

从我国 1958 年研制出首块硅单晶，到现在，我国也从一个光伏行业的后生晚辈一跃成为现在的光伏大国。

2. 我国光伏行业发展现状

截至 2017 年底，我国累计装机容量达 130GW，全球光伏装机总量已超过 400GW。其中 2017 年全球光伏新增装机约 102GW，比 2016 年同比增长约 40%。2007 年至 2016 年全球光伏发电平均年增长率超过 40%，成为全球增长速度最快的能源品种。

3. 我国光伏产业演进特点

① 快速发展期（2004～2008 年）。随着德国出台可再生能源法案，欧洲国家大力补贴支持光伏发电产业，中国光伏制造业在此背景下，利用国外的市场、技术、资本，迅速形成规模。2007 年中国超越日本成为全球最大的太阳能电池生产国。以尚德电力、江西赛维为代表的一批太阳能电池制造企业先后登陆美国资本市场，获得市场追捧。

② 首度调整期（2008～2009 年）。全球金融危机爆发，光伏电站融资困难，加之欧洲的政策支持力度减弱导致太阳能电池需求减退，中国的光伏制造业经历了重挫，产品价格迅速下跌。

③ 爆发式回升期（2009～2010 年）。德国、意大利在光伏发电补贴力度预期削减和金融危机导致光伏产品价格下跌的背景之下，爆发了抢装潮，市场迅速回暖。我国出台了应对金融危机的一揽子政策，光伏产业获得战略性新兴产业的定位，催生了新一轮光伏产业投资热潮。

④ 产业剧烈调整期（2011～2013 年）。上一阶段的爆发式回升导致了光伏制造业产能增长过快，但是欧洲补贴力度削减带来的市场增速放缓，导致光伏制造业陷入严重的阶段性过剩，产品价格大幅下滑，贸易保护主义兴起。我国光伏制造业再次经历挫折。

⑤ 产业逐渐回暖期（2013 年至今）。日本出台力度空前的光伏发电补贴政策，使市场供需矛盾有所缓和。中欧光伏贸易纠纷通过承诺机制解决，配套措施迅速落实。随着国内光伏技术的快速进步，从国产原辅料到国产设备成为主流，一方面降低成本，另一方面提升发电效率。中国及全球主要的光伏市场装机容量呈持续快速健康增长。

模块 2　电位滴定分析

编号 FJC-73-01

学习单元 2-1　电位滴定分析的基本知识

学习目标： 在完成本单元的学习之后，能够掌握电位分析的基本原理和方法。
职业领域： 化学、石油、环保、医药、冶金、食品等
工作范围： 分析

一、电位滴定法的特点

电位滴定分析与普通滴定分析相似，只是确定终点方法不同。普通滴定分析根据指示剂的变色来确定终点；而电位滴定分析根据电位的突跃来确定终点。与普通滴定分析比较，电位滴定需要一定的仪器设备，不如普通滴定分析那样简便，但具有以下特点：

① 可用于有色溶液和浑浊溶液的滴定。
② 可用于缺乏合适指示剂的非水滴定。
③ 可进行连续滴定和自动滴定。
④ 能进行微量分析和超微量分析。

二、电位滴定的原理和确定终点的方法

电位滴定是用指示电极、参比电极浸于被测溶液中组成电池，用滴定管滴定，在电磁搅拌器不断搅拌下，通过电位计测其电位变化。指示电极的电位与被测离子浓度有关，随着滴定剂的不断滴入，被测离子浓度相应发生变化，指示电极的电位也相应发生变化。在化学计量点附近，电位变化较大，产生突跃。根据电极电位的突跃可以确定滴定终点。

在电位滴定中，确定终点的方法有 $E\text{-}V$ 曲线法、$\dfrac{\Delta E}{\Delta V}\text{-}V$ 曲线法和二级微商法。

1. $E\text{-}V$ 曲线法

以加入滴定剂的体积 V 作横坐标，电位计读数 E 为纵坐标，绘制 $E\text{-}V$ 曲线[见图 2-1(a)]。在曲线的拐点作两条与曲线相切的 45°倾角的直线，再作一条与两直线等

距离的 45°直线，该直线与曲线的交点所对应的体积即为滴定终点 $V_{终}$。

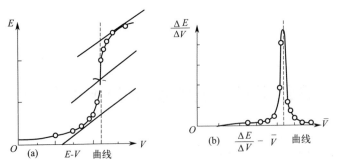

图 2-1 终点判断示意图

例如，以 0.1mol/L $AgNO_3$ 溶液滴定未知 NaCl 溶液，测得的数据见表 2-1。用 E-V 曲线法可得该滴定的终点 $V_{终}$=24.34mL。

表 2-1 以 0.1mol/L $AgNO_3$ 溶液滴定 NaCl 溶液

V_{AgNO_3}/mL	E(vs. SCE)/mV	ΔE/mV	ΔV/mL	$\Delta E/\Delta V$	$\bar{V}$/mL	$\Delta(\Delta E/\Delta V)$	$\Delta^2 E/\Delta V^2$
5.00	62	23	10.00	2	10.00		
15.00	85	22	5.00	4	17.50		
20.00	107	16	2.00	8	21.00		
22.00	123	15	1.00	15	22.50		
23.00	138	8	0.50	16	23.25		
23.50	146	15	0.30	16	23.65		
23.80	161	13	0.20	65	23.90		
24.00	174	9	0.10	90	24.05		
24.10	183	11	0.10	110	24.15	20	200
24.20	194					280	2800
24.30	233	39	0.10	390	24.25	440	4400
24.40	316	83	0.10	830	24.35	−590	−5900
24.50	340	24	0.10	240	24.45	−130	−1300
24.60	351	11	0.10	110	24.55		
24.70	358	7	0.10	70	24.65		
25.00	373	15	0.30	50	24.85		
25.50	385	12	0.50	24	25.25		

2. $\Delta E/\Delta V$-$\bar{V}$ 曲线法

以 ΔE 表示相邻滴定体积对应电位的增量，ΔV 表示相邻滴定体积的增量，则 $\Delta E/\Delta V$ 为单位体积滴定剂引起电位的变化值。$\bar{V}$ 表示相邻滴定体积的平均值。用 $\Delta E/\Delta V$ 为纵坐标，$\bar{V}$ 为横坐标，绘制 $\Delta E/\Delta V$-$\bar{V}$ 曲线[见图 2-1(b)]，曲线的最高点所对应的体积即为滴定的终点体积 $V_{终}$。

3. 二级微商法

若一级微商曲线（$\Delta E/\Delta V$-$\bar{V}$ 曲线）的极大点是终点，则该点的二级微商值应等于零，据此可计算出 $V_{终}$。计算方法如下（以表 2-1 数据为例）：

$V = 24.30$ mL 时，其二级微商值为：

$$\frac{\Delta E^2}{\Delta V^2} = \frac{\left(\frac{\Delta E}{\Delta V}\right)_{24.35\text{mL}} - \left(\frac{\Delta E}{\Delta V}\right)_{24.25\text{mL}}}{V_{24.35\text{mL}} - V_{24.25\text{mL}}} = \frac{830 - 390}{24.35 - 24.25} = +4400$$

$V = 24.40$ mL 时，其二级微商值为：

$$\frac{\Delta E^2}{\Delta V^2} = \frac{\left(\frac{\Delta E}{\Delta V}\right)_{24.45\text{mL}} - \left(\frac{\Delta E}{\Delta V}\right)_{24.35\text{mL}}}{V_{24.45\text{mL}} - V_{24.35\text{mL}}} = \frac{240 - 830}{24.45 - 24.35} = -5900$$

$\frac{\Delta E^2}{\Delta V^2}$ 由正值变到负值，中间必有一点为零，所对应的体积就是：

V	24.30	$V_终$	24.40
$\frac{\Delta E^2}{\Delta V^2}$	+4400	0	-5900

$$\frac{24.40 - 24.30}{-5900 - 4400} = \frac{V_终 - 24.30}{0 - 4400}$$

$$V_终 = 24.30 + \frac{0 - 4400}{-5900 - 4400} \times (24.40 - 24.30) = 24.34 \text{(mL)}$$

三、电位滴定的类型

1. 中和滴定

中和滴定一般选择饱和甘汞电极作参比电极，玻璃电极（或其他电极）作指示电极，用酸度计测定溶液的 pH 值，再按上述方法确定滴定终点。

利用中和滴定还可以测定一元弱酸（或弱碱）的电离常数。因为：

$$HA \rightleftharpoons H^+ + A^- \qquad K_a = [H^+][A^-]/[HA]$$

当滴定体积为 $1/2\ V_终$ 时，剩余的弱酸与弱酸根离子浓度相等，即

$$[A^-] = [HA]$$

所以 $\qquad K_a = [H^+] \qquad pK_a = pH$

由 pH-V 曲线上查得 1/2 终点所对应的 pH 值，就得到 pK_a 值。

2. 氧化还原滴定

氧化还原滴定常用的指示电极为惰性电极，如铂电极、金电极、汞电极等；参比电极为饱和甘汞电极。用电位计测量溶液的电位 E，按上述方法确定滴定终点。

3. 沉淀滴定

常见的沉淀滴定有银量法和汞量法。银量法以硝酸银作标准溶液，银电极作指示电极，饱和甘汞电极作参比电极，可测 Cl^-、Br^-、I^-、SCN^-、S^{2-}、CN^- 等离子。汞量法经硝酸汞作标准溶液，汞电极（铂线上镀汞）作指示电极，饱和甘汞电极作参比电

极，可测 Cl^-、I^-、SCN^-、$C_2O_4^{2-}$ 等离子。由于 Cl^- 可能对滴定产生干扰，因此，甘汞电极不能直接插入待测溶液中，应该用硝酸钾盐桥将待测溶液与甘汞电极隔开。

4. 配位滴定

配位滴定常用汞电极作指示电极，饱和甘汞电极作参比电极，可测定 Cu^{2+}、Zn^{2+}、Ca^{2+}、Mg^{2+}、Al^{3+} 等多种离子。测定时应在待测溶液中加入少量的 Hg^{2+}-EDTA 溶液，在不断搅拌下用 EDTA 标准溶液滴定。

进度检查

一、填空题

1. 电位滴定分析是用_____、_____和_____组成电池，通过测量_____来确定滴定的终点。

2. 电位滴定法中，中和滴定一般用_____作参比电极，_____作指示电极；银量法一般以_____为标准溶液，_____作指示电极，_____作参比电极，可测_____、_____、_____、_____等离子。

二、选择题（将正确答案的序号填入括号内）

1. 电位滴定分析与普通滴定分析比较，具有的特点是（　　）。
   A. 所用仪器很简单　　　　　　　　B. 可用于浑浊溶液的滴定
   C. 能进行微量分析　　　　　　　　D. 必须用指示剂

2. 电位滴定分析确定终点的方法是计算法不是作图法的是（　　）。
   A. 工作曲线法　　　　　　　　　　B. E-V 曲线法
   C. 二级微商法　　　　　　　　　　D. $\Delta E/\Delta V$-$\bar{V}$ 曲线法

编号 FJC-73-02

学习单元 2-2　电位滴定仪操作

学习目标： 在完成本单元的学习之后，能够使用瑞士万通 905、ZDJ-4A 型电位滴定仪进行样品测定的滴定分析操作。
职业领域： 化学、石油、环保、医药、冶金、食品等
工作范围： 分析

一、自动电位滴定仪的特点

自动电位滴定仪能自动滴定、自动判断终点、自动计算分析结果并打印分析报告，使用方便、快速而又准确。ZDJ-4A 型是全新的自动电位滴定仪，它由微机控制，通过人机对话设定滴定参数，除了可进行自动滴定外，还具有斜率标定、直读浓度、滴定管自动清洗、自动打印报告等功能。

二、自动电位滴定仪的结构

自动电位滴定仪主要介绍 ZDJ-4A 型电位滴定仪、瑞士万通 905。

（一） ZDJ-4A 型电位滴定仪

1. ZDJ-4A 型电位滴定仪的概述

ZDJ-4A 型电位滴定仪是一种分析精度高的实验室分析仪器，它主要用于高等院校、科研机构、石油化工、制药、药检、冶金等行业的各种成分的化学分析。仪器采用微处理器技术和液晶显示屏，能显示有关测试方法和测量结果。具有良好操作界面，采用中文显示、菜单、快捷键等操作方法。仪器具有断电保护功能，在仪器使用完毕关机后或非正常断电情况下，仪器内部贮存的测量数据和设置的参数不会丢失。仪器选用不同电极可进行酸碱滴定、氧化还原滴定、沉淀滴定、络合滴定、非水滴定等多种滴定和 pH 测量。仪器用预滴定、预设终点滴定、空白滴定或手动滴定功能可生成专用滴定模式，扩大了仪器使用范围。仪器传动系统进行了改进，有效地降低了仪器的噪声。搅拌系统采用脉冲宽度调制（PWM 调制）技术，软件调速。滴定系统采用抗高氯酸腐蚀的材料，可进行非水滴定。仪器可外接（TP-16 型、TP-24 型或 TP-40 型）串行打印机，打印测量数据、滴定曲线和计算结果。仪器提供与计算机通

信软件，在计算机上即时显示滴定曲线及其一阶、二阶导数和作图谱对比分析。可对滴定模式进行编辑和修改，实现遥控操作，并可进行结果的统计。

2. ZDJ-4A 型电位滴定仪的结构

① 仪器正面板结构如图 2-2 所示。

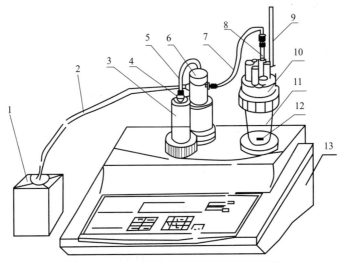

图 2-2　ZDJ-4A 型电位滴定仪的正面板结构

1—贮液瓶；2—输液管；3—滴定管；4—接口螺母；5—输液管；6—转向阀；
7—输液管；8—滴液管；9—电极梗；10—溶液杯支架；11—溶液杯；12—搅拌珠；13—主机

② 仪器后面板结构见图 2-3。

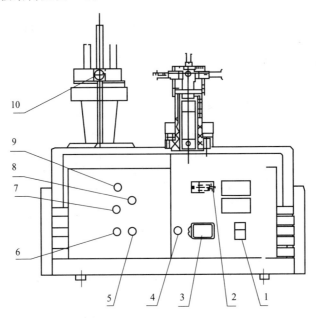

图 2-3　ZDJ-4A 型电位滴定仪的后面板结构

1—电源开关；2—RS232 插座；3—电源插座；4—保险丝座；5—接地插座；
6—温度传感器插座；7—测量电极 2 插座；8—参比电极插座；9—测量电极 1 插座；10—紧定螺钉

③ 键盘说明。ZDJ-4A 型电位滴定仪的键盘如图 2-4 所示。

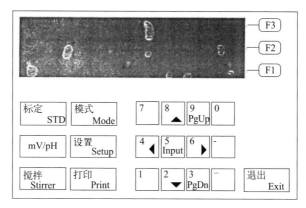

图 2-4　ZDJ-4A 型电位滴定仪的键盘

该仪器键盘共有 22 个键，分别为：数字（0～9）、负号、小数点、F1、F2、F3、mV/pH、标定、模式、设置、搅拌、打印和退出键。其中有些键为复用键。以下为这些键的使用介绍。

负号、小数点和（0～9）数字键：用于数据输入。其中 $\boxed{2\,\blacktriangledown}$、$\boxed{3\,\text{PgDn}}$、$\boxed{4\,\blacktriangleleft}$、$\boxed{5\,\text{Input}}$、$\boxed{6\,\blacktriangleright}$、$\boxed{8\,\blacktriangle}$ 和 $\boxed{9\,\text{PgUp}}$ 是复用键。▼、▲、◀和▶键，在许多功能状态下，用于移动高亮条或调节数值。

（二）瑞士万通 905

1. 电位滴定仪瑞士万通 905 操作规程

瑞士万通 tiamo 软件操作主要有以下几步：
① 启动软件，进入仪器硬件自检程序。
② 确定硬件连接信息、滴定剂信息。
③ 操作硬件进入工作状态，使滴定管路充满滴定剂。
④ 建立方法并保存。
⑤ 准备样品，调用方法开始实验。
⑥ 查看滴定报告。

2. 具体操作

(1) 配置信息设置

① 连接仪器和电脑，接通电源并打开电脑，双击"tiamo"软件图标。
② 程序进入仪器自检程序，稍等几秒，操作界面打开。
③ 点击"配置"，操作进入配置界面。
④ 双击滴定剂表格，进入滴定剂属性设置页面，需要进行三处设置。
a. 溶液标签页：溶液名称。

b. 溶液标签页：浓度。

请注意：这里的浓度指的是滴定液的理论浓度！

c. 滴定度标签页：滴定度。

请注意：这里的滴定度指的是滴定液的实际浓度与其理论浓度的比值。

注意：如果刚刚更换过滴定液，将这三处改为新换滴定液的名称、浓度和滴定度。这三处涉及方法的正确执行以及结果的准确计算，要认真修改，确保没有错误。

确认无误后，单击下方的"OK"关闭该对话框。

⑤ 在电极信息框内选择实验所连接的电极种类。

⑥ 如果本次实验结果要在下次实验中作为一个常数进行计算，则需要在公共变量信息框内添加变量信息。

点击"编辑"—"新建"，输入名称和单位，确定后点击"OK"关闭对话框。

(2) 准备仪器工作状态

① 进入人工控制操作页面。

② 点击"准备"仪器进入清洗准备的工作状态，然后按"开始"按钮，界面跳出一个对话框：检查滴定头是否放在烧杯里，如果是，则点击"Yes"确认，仪器开始执行清洗—充液程序。

(3) 编辑方法

① 点击"方法"，进入方法编辑界面。

② 在文件菜单新建方法。

注意：普通酸碱滴定，一般选择动态 pH/U 滴定；普通沉淀、氧化还原、络合滴定选择动态 U 滴定；非水相和反应慢的滴定选择等量 pH/U 滴定；已知突跃点的滴定选择设定终点 pH/U 滴定。

a. 空白方法的建立和保存。

第一，双击滴定，在下拉菜单中选择方法，方法即被锁定，点击"OK"，在页面里出现方法串连框示意图。

第二，设置滴定参数（需要设置五项）。

双击主通道框 word/media/image1.png，出现滴定参数设置对话框。

设置硬件信息，在 word/media/image2.png 菜单里寻找相关选项，并确定在填写框内。

设置开始条件，在 word/media/image2.png 菜单里寻找相关选项，并确定在填写框内。

设置滴定参数，在 word/media/image2.png 菜单里寻找相关选项，并确定在填写框内。

设置停止条件，在 word/media/image2.png 菜单里寻找相关选项，并确定在填写框内。

设置电位评估，在 word/media/image2.png 菜单里寻找相关选项，并确定在填写框内。

设置完毕后，按"OK"按钮关闭对话框。

第三，编辑公式。

双击计算框 word/media/image3.png，弹出公式编辑对话框。

点击"新建"按钮，弹出新对话框；点击"下一步"按钮，弹出对话框；点击公式编辑按钮 word/media/image4.png，打开公式编辑器。

因为求空白，其实就是求滴定空白溶剂所消耗的滴定剂的体积，所以双击"命令变量"—"DET PH"—"EP(X)"—"VOL"，得到公式。因为我们在滴定参数里已经设置突跃点识别认的是第一个突跃点，所以要把 EP（X）改成 EP（1），公式编辑完成后，按"OK"关闭编辑器，则原来对话框里已经添加了公式；再选择结果的单位"mL"和小数点保留位数"4"。

点击结果对话框中的"选项"，在"将结果作为公共变量保存"前的方框打钩，并改变公共变量。

最后按"OK"关闭对话框。

第四，方法的保存。

在方法界面窗口，点击 word/media/image5.png 方法检验图标，有提示框说明方法成功。

在方法界面窗口，点击 word/media/image6.png 保存图标，弹出保存对话框。

在方法名称处输入方法名字，按"保存"，则这个方法已经被保存在了电脑里。

b. 标定方法的建立和保存。

方法建立与空白方法建立一样，只是将公式栏中的公式改成自己所需要的公式，并将单位和小数点位置改正确，最后按"OK"键。

保存与空白方法保存一样。

(4) 调用方法实验

点击工作平台进入实验平台界面，在运行界面"方法"栏内选择前面所建立的方法，在"sample size"处输入试样量，在"sample size unit"处输入样品量单位，单击"开始"，等待实验完成。

(5) 数据处理

点击"数据库"，查看所做数据，若发现数据不正确时有可能是方法中公式不正确，则单击鼠标右键，选择"再处理"，选择"方法"—"修改方法"，当公式修改正确后点击"OK"，点击"重新计算"，则结果将出现在对话框中，点击"OK"。

进度检查

操作题

用 ZDJ-4A 电位滴定仪进行下列操作，由教师检查是否正确：

1. 用温度补偿旋钮进行温度补偿的操作　　　　　　　是☐　否☐
2. 用校正旋钮进行校正的操作　　　　　　　　　　　是☐　否☐
3. 用定位旋钮进行定位的操作　　　　　　　　　　　是☐　否☐
4. 温度与标准溶液相同的待测溶液的 pH 值测量操作　　是☐　否☐
5. 温度与标准溶液不同的待测溶液 pH 值的测量操作　　是☐　否☐
6. 电池电动势的测量操作　　　　　　　　　　　　　是☐　否☐

编号 FJC-73-03

学习单元 2-3 硝酸银标准溶液的标定

学习目标：在完成了本单元的学习之后，能够用电位滴定法标定硝酸银溶液的浓度。

职业领域：化学、石油、环保、医药、冶金、建材等

工作范围：分析

所需仪器、药品和设备

序号	名称及说明	数量
1	ZDJ-4A 型电位滴定仪	1 台
2	铂指示电极	1 套
3	大面积钨参比电极	1 套
4	0.0500mol/L AgNO$_3$ 标准溶液	500mL
5	NaCl 固体	100g

一、测定原理

电位滴定法标定 AgNO$_3$ 溶液时，以 AgNO$_3$ 溶液为滴定剂，NaCl 为基准物质配成标准溶液作为试液，银离子选择电极作为指示电极，饱和甘汞电极为参比电极。滴定反应式为：

$$Ag^+ + Cl^- \rightleftharpoons AgCl\downarrow$$

标定时，先用 0.05000mol/L AgNO$_3$ 标准溶液进行滴定，通过 E-V 曲线法、$\frac{\Delta E}{\Delta V}$-$V$ 曲线法和二级微商法确定化学计量点时的电位 E。然后以此电位 E 作为预定终点电位，用待标的 AgNO$_3$ 溶液滴定，测出该溶液的浓度。

二、操作步骤

1. 终点电位的确定

① 用移液管吸取 0.05000mol/L NaCl 溶液 10mL 于 150mL 烧杯中，加水 90mL。

② 调节电位零点，插入电极对，记录初始电位。

③ 将工作开关拨至"手动"，用手工控制滴液速度，用 0.05000mol/L AgNO$_3$ 标准溶液进行滴定。开始滴定时每次可滴加 1.0mL，至化学计量点前后约 0.5mL 时，

每次滴入 0.1mL，超出该范围以后每次可滴入 1.0mL，直到多滴 15mL。

④ 根据测得的 E、V 数据，绘制 E-V 曲线、$\frac{\Delta E}{\Delta V}$-$V$ 曲线，并用其和二级微商法求出终点的电位值。

2. AgNO₃ 溶液的标定

① 用移液管吸取 0.05000mol/L NaCl 溶液 10mL 于 150mL 烧杯中，加水 90mL。
② 调节电位零点，插入电极对。
③ 将工作开关拨至"滴定"挡，滴定选择开关拨至"-"。
④ 将预定终点电位调为步骤 1 测得的电位值。
⑤ 用待标定的 AgNO₃ 溶液进行自动滴定，直到滴定结束，记下消耗 AgNO₃ 溶液的体积。

3. 标准溶液的配制

① 0.05000mol/L AgNO₃ 标准溶液。用基准 AgNO₃ 溶于二次去离子水直接配制，贮于棕色试剂瓶中。
② 0.05000mol/L NaCl 标准溶液。精确称取 0.5845g 分析纯 NaCl 固体（130℃烘干 1~2h）溶于水中，稀释至 1L。

三、结果计算

AgNO₃ 标准溶液的浓度可由下式计算：

$$c(\text{AgNO}_3) = \frac{c(\text{NaCl})V(\text{NaCl})}{V(\text{AgNO}_3)}$$

式中　$c(\text{AgNO}_3)$——待标定的 AgNO₃ 溶液的浓度，mol/L；
　　　$V(\text{AgNO}_3)$——滴定消耗的待标定 AgNO₃ 溶液的体积，mL；
　　　$c(\text{NaCl})$——标准溶液的浓度，mol/L；
　　　$V(\text{NaCl})$——标准溶液的体积，mL。

进度检查

一、填空题

1. 电位滴定法标定 AgNO₃ 标准溶液时，用_____作为指示电极，_____作为参比电极。
2. 手动滴定时，滴定速度应先____后_____，根据滴定剂的体积与相应的_____可确定终点。

二、操作题

用电位滴定法进行 $AgNO_3$ 标准溶液的标定,由教师检查下列项目的操作是否正确:

1. 终点电位的确定   是□   否□
2. $AgNO_3$ 溶液的标定   是□   否□

编号 FJC-73-04

学习单元 2-4 烧碱中氯化钠含量的测定

学习目标：在完成本单元的学习之后，了解电位滴定法的基本原理，掌握作图法和计算法确定电位滴定终点的方法，掌握一种仪器分析法中常量分析的方法，了解自动电位滴定仪的工作原理及使用方法，能够使用 ZDJ-4A 电位滴定仪进行烧碱中氯化钠含量的测定。

职业领域：化学、石油、环保、医药、冶金、建材等

工作范围：分析

所需仪器、药品和设备

序号	名称及说明	数量
1	ZDJ-4A 电位滴定仪	1台
2	25mL 移液管	1支
3	100mL 容量瓶	1个
4	100mL 烧杯	1个
5	0.01 mol/L $AgNO_3$ 标准溶液	500mL
6	浓硝酸	250mL
7	4mol/L HNO_3 溶液	100mL
8	0.1%酚酞溶液	100mL

一、测定原理

用 $AgNO_3$ 标准溶液滴定 NaCl，反应式为：

$$Ag^+ + Cl^- \rightleftharpoons AgCl\downarrow$$

这类沉淀滴定，可用饱和甘汞电极作参比电极，银电极作指示电极组成电池进行电位滴定，由银电极以电池电动势指示出滴定过程中氯离子浓度的变化，根据电池电动势的突跃确定滴定终点。因为被测物是 Cl^-，甘汞电极中的 KCl 以及 KCl 盐桥中的 KCl 会产生干扰，所以必须用双盐桥饱和甘汞电极作参比电极。

二、操作步骤

1. 样品的预处理

准确吸取 25.00mL 烧碱样品溶液置于 100mL 容量瓶中。以酚酞为指示剂，用浓硝酸中和烧碱样品溶液至红色消失，再用水稀释至刻度，摇匀。

模块 2 电位滴定分析

2. 测定

① 将 0.01mol/L AgNO₃ 标准溶液加到滴定管中，调节至零刻线处。

② 准确吸取处理好的样品溶液 25.00mL 于 100mL 烧杯中，加入 4mol/L HNO₃ 溶液 4mL。

③ 将电极浸入，按照仪器的使用方法，将预定终点电位定为 267mV 进行自动滴定。

三、结果计算

烧碱样品溶液中氯化钠的含量可由下式计算：

$$\omega(\text{NaCl}) = \frac{c(\text{AgNO}_3) V(\text{AgNO}_3) \times M(\text{NaCl})}{25.00 \times 10^{-3} \times \frac{25}{100}} \times 100\%$$

式中　$c(\text{AgNO}_3)$——AgNO₃ 标准溶液的浓度，mol/L；

　　　$V(\text{AgNO}_3)$——滴定消耗 AgNO₃ 标准溶液的体积，L；

　　　$M(\text{NaCl})$——NaCl 的摩尔质量，g/mol。

进度检查

一、填空题

1. 因为被测物是 Cl⁻，甘汞电极中的 ＿＿＿＿＿＿ 会产生干扰，所以必须用 ＿＿＿＿＿＿＿＿＿＿ 作为参比电极。

2. 烧碱样品溶液在测定前必须用 ＿＿＿＿＿＿＿＿＿＿＿＿＿＿＿＿＿ 中和，其目的是 ＿＿＿＿＿＿＿＿＿＿＿＿＿＿＿＿＿ 。

二、操作题

实际进行电位滴定法测定烧碱中氯化钠含量的操作，由教师检查下列项目是否正确：

1. 样品的预处理　　　　　　　　　　　　是☐　　否☐

2. 测定　　　　　　　　　　　　　　　　是☐　　否☐

编号 FJC-73-05

学习单元 2-5　维生素 B_{12} 中钴的测定

学习目标： 在完成本单元的学习之后，了解电位滴定法的基本原理，掌握作图法和计算法确定电位滴定终点的方法，掌握一种仪器分析法中常量分析的方法，了解自动电位滴定仪的工作原理及使用方法，能够使用 ZDJ-4A 进行维生素 B_{12} 中钴含量的测定。

职业领域： 化学、石油、环保、医药、冶金、建材等

工作范围： 分析

所需仪器、药品和设备

序号	名称及说明	数量
1	ZDJ-4A 电位滴定仪	1 台
2	铂指示电极	1 套
3	大面积钨参比电极	1 套
4	Co^{2+} 标准溶液	
5	铁氰化钾溶液	
6	氨性混合溶液	
7	维生素	
8	浓硝酸	
9	浓盐酸	

一、测定原理

本实验拟采用铂丝（或铂片）作指示电极，大面积钨电极作参比电极，电位滴定法测定维生素 B_{12} 中的钴。由于 Co^{2+} 具有颜色，因而容量法测定钴难以采用化学指示剂进行终点判断，故常用电位滴定法。

本实验采用返滴定法，在氨性溶液中铁氰化钾可以将 Co^{2+} 氧化为 Co^{3+}，过量的铁氰化钾可用 Co^{2+} 标准溶液滴定，以电位法指示终点，其反应如下：

$$Co^{2+} + Fe(CN)_6^{3-} \rightleftharpoons Co^{3+} + Fe(CN)_6^{4-}$$

Ni^{2+}、Zn^{2+}、Cu^{2+} 不干扰本法测定，Fe^{2+} 和 Fe^{3+} 干扰测定。大量的 Fe^{3+} 在氨性溶液中，由于产生氢氧化物沉淀而吸附钴离子，加入柠檬酸可以掩蔽。铁的柠檬酸络合物能促进钴被空气中的氧所氧化，采用一次加入过剩的铁氰化钾溶液，返滴定法测定，可以消除其影响。

二、试剂配制

① Co^{2+} 标准溶液：准确称取金属钴（99.9％）0.5000g 于 250mL 烧杯中，加入（1+1）硝酸 30mL，加热使其溶解完全后，加入（1+1）硫酸 10~15mL。在电炉上小心蒸发至只剩少许硫酸，冷却后加入水 20~30mL，加热溶解，冷却至室温，用水定容至 500mL。此溶液含钴 1.000mg/mL。

② 铁氰化钾溶液（约 0.02mol/L）：称取铁氰化钾 6.96g 溶于水中，稀释至 1000mL，摇匀，贮存于有色试剂瓶中。

③ 氨性混合溶液：称取硫酸铵 50g 和柠檬酸 30g，溶解于 250mL 水中，加入浓氨水 250mL，混匀。

④ 维生素 B_{12} 样品：将市售的维生素 B_{12} 药片用研钵粉碎后，过 100 目筛即可。

三、操作步骤

1. 确定铁氰化钾浓度和终点电位

用 10mL 移液管准确移取铁氰化钾 10.00mL 于 150mL 烧杯中，加入 40mL 蒸馏水和 50mL 混合溶液，放入搅拌磁子，插入大面积钨参比电极和铂指示电极，连接好电极后，开动电磁搅拌器，采用自动电位滴定仪手动操作挡，以 Co^{2+} 标准溶液进行滴定。开始时每滴加 2.00mL 记录一次电位（mV）值；电位变化明显后，每滴加 0.50~1.00mL 记录一次数值；接近终点附近，每滴加 0.10mL 记录一次，直至电位发生突跃后继续滴加 2~3 次，停止滴定。根据电位值与相应消耗 Co^{2+} 标准溶液的体积，绘出滴定曲线，确定其滴定终点，或用二次微商法算出滴定终点，求出终点电位值和铁氰化钾的浓度。

2. 样品测定

准确称取维生素 B_{12} 样品 0.5000~0.6000g 置于 250mL 烧杯中，加入 25mL 浓盐酸，加热至大部分试样溶解。稍冷却后加入 10mL 浓硝酸，继续加热使其溶解完全并蒸发至近干。取下冷却，加水并煮沸至可溶盐溶解，冷却后转移入 100mL 容量瓶中，稀释至刻度，摇匀。用移液管准确移取 25.00mL 试样溶液，置于 250mL 烧杯中，加入 15mL 水，再加 50mL 混合溶液，用移液管准确加入 10.00mL 过剩的铁氰化钾标准溶液。然后用钴标准溶液按如上所述进行自动滴定，终点时仪器将自动停止滴定。

四、结果计算

样品中钴的含量可由下式计算：

$$w = \frac{4c(V_1 - V_2)M}{1000m} \times 100\%$$

式中　w——钴的含量；

　　　c——Co^{2+} 标准溶液的浓度，mol/L；

　　　V_1——步骤 1 中 Co^{2+} 标准溶液的体积，mL；

　　　V_2——步骤 2 中 Co^{2+} 标准溶液的体积，mL；

　　　M——钴的摩尔质量，g/mol；

　　　m——称取试样量，g。

五、注意事项

① Co^{2+} 在氨性溶液中，温度高时容易被空气中的氧所氧化，故滴定溶液的温度应控制在 20℃ 以下。

② 安装滴定管出口高度时应调节到比指示电极的敏感部分中心略高一些，使液滴滴出时可顺搅拌方向首先接触到指示电极，这样滴定精度可提高到十分之一滴以内。

进度检查

思考题

1. 电位滴定法和直接电位法有什么区别？
2. 电位滴定法的特点是什么？测钴的含量时为什么采用此方法？
3. 在测样品时，为什么按顺序加入试剂？
4. 为什么要采用返滴定法，能否用直接滴定法测定？
5. 氨性混合溶液中各组分的作用是什么？

编号 FJC-73-06

学习单元 2-6 自动电位滴定仪的维护保养和常见故障的排除

学习目标： 在完成本单元的学习之后，能够维护和保养瑞士万通 905、ZDJ-4A、德国 SCHOTT 电位滴定仪，排除简单的故障。
职业领域： 化学、石油、环保、医药、冶金、建材等
工作范围： 分析

一、维护和保养

自动电位滴定仪的维护和保养注意点为：

① 仪器的插座必须保持清洁、干燥，切忌与酸、碱、盐溶液接触，防止受潮，以确保仪器绝缘和高输入阻抗性能。

② 仪器不用时，将 Q9 短路插头插入测量电极的插座内，防止灰尘及水汽浸入。

③ 在环境湿度较高的场所使用时，应把电极插头用干净纱布擦干。

④ 整个滴定管最好经常用蒸馏水清洗，特别是会产生沉淀或结晶的滴定剂（如 $AgNO_3$），在使用完毕后应及时清洗，以免破坏阀门。

⑤ 在用高氯酸、冰乙酸作滴定剂时，应保持环境温度不低于 16℃，否则会产生结晶，损坏阀门。

二、常见故障及排除方法

常见故障及排除方法见表 2-2。

表 2-2 常见故障及排除方法

现象	故障原因	排除方法
开机没有显示	a. 没有电源 b. 保险丝坏	a. 检查电源 b. 更换同一型号保险丝
mV 测量不正确	a. 电极性能不好 b. 另一电极接口短路	a. 更换好的电极 b. 更换 Q9 短路插头
pH 测量不正确	a. 同上 b. 同上 c. 电极插口设置错误	a. 同上 b. 同上 c. 设置正确的电极插口

续表

现象	故障原因	排除方法
打印机不打印或不正确	a. 打印机电源没连接 b. 打印线没连接 c. 打印机设置错误 d. 打印机选择错误	a. 连接打印机电源 b. 连接好打印机连线 c. 设置正确的打印机型号 d. 更换打印机
预滴定找不到终点	a. 终点突跃太小 b. 滴定剂或样品错误 c. 终点体积较小 d. 电极选择错误	a. 将突跃设置为"小" b. 更换滴定剂或正确取样 c. 改用"空白滴定"模式 d. 正确选择电极
预滴定找到假终点	预滴定参数设置不合适	将突跃设置为"大"
模式滴定错误 　找到假终点 　滴定结果为0.000mL 　找不到终点	预滴定找到假终点 电极插口选择错误 模式选择错误	将假终点关闭 设置正确的电极插口 选择正确的滴定模式
预设终点滴定错误 　两个以上终点时,参数设置完毕后,无法进行滴定 　滴定时,显示"预控点设置错误"	a. 参数设置错误 b. 参数设置错误或电极插口设置错误	a. 重新设置正确的参数 b. 重新设置正确的预控点,设置正确的电极插口
搅拌器不转	a. 搅拌设置错误 b. 搅拌器坏 c. 溶液杯内没放搅拌珠	a. 加快搅拌速度 b. 更换搅拌器 c. 放置搅拌珠
输液管有气泡	输液管接口漏液	安装好输液管
机械动作不正常	滴定管安装不正确	安装好滴定管
电极标定错误	a. pH电极性能差 b. 缓冲液配制错误 c. 电极插口选择错误	a. 更换pH电极 b. 重新配制缓冲液 c. 设置正确的电极插口

进度检查

一、填空题

1. 仪器的各单元应经常保持_____，并防止_____侵入。

2. 玻璃电极插孔的绝缘电阻不得小于_____，甘汞电极应经常注意充满_____溶液。

3. 仪器的常见故障是_____、_____或_____等。

二、判断题（正确的在括号内打"√"，错误的打"×"）

1. 调节终点时，如电表指针不动，应检查读数开关是否按下。（　　）

2. 电磁阀有漏滴现象，应调节预控制指数。（　　）

3. 橡皮管在更换前应在微碱性溶液中煮数小时。（　　）

素质拓展阅读

电位滴定分析技能考试内容及评分标准

一、考试内容

用自动电位滴定法测定绿矾的含量。

二、评分标准

1. 仪器的安装（10分）
2. 预滴定的操作（20分）
3. 样品的测定操作（50分）
4. 终点的确定（10分）
5. 计算结果（5分）
6. 实验结束工作（5分）

素质拓展阅读

"伏打堆"，人类历史上的第一块电池

伽伐尼因研究人体"生物电"现象风头正盛，另一位意大利物理学家伏打却对此提出了不同意见。

刚开始，他读到伽伐尼的论文，觉得这个理论着实令人惊奇，遂重复其实验。经过多次实验和深入的思考，伏打开始怀疑蛙主要是一种探测器，而电源则在动物之外，并逐渐形成自己的观点：蛙腿抽动的电能，不是来自青蛙，而是来自与蛙腿接触的金属。

为了证实自己的假设，他把两种金属放到自己舌头上，此时会有微麻的感觉，这说明在不同的金属间产生了电。而蛙腿，只是受到了金属电的影响，作用跟电流计一样。"既然不同金属间有电压差，那用一样的呢？总可以了吧？"伽伐尼立刻找了两个相同的铁钩去触碰蛙腿，照样观察到了抽动。伏打认为这是因为伽伐尼使用的金属杂质太多，有小电流造成的。接下来，伽伐尼又找来高纯的汞来重复实验，结果也成了。可是，伏打依然认为是汞不纯造成的。

一个认为是"生物电"，另一个坚持是"金属电"，到底是谁的说法对呢？在两人争执不下之时，有人用木炭成功带动了青蛙腿！不用金属也能行？看来胜利是伽伐尼的了。但伏打也毫不示弱，木炭也是导体！导体都带电荷！最后，伽伐尼索性就用青蛙的神经去碰青蛙腿的肌肉，蛙腿还是跳了！

从两种金属到同种金属，从杂质金属到高纯金属，从金属到木炭，从木炭到纯青蛙。伏打一直在与伽伐尼对峙。如此一来，似乎是伽伐尼的"生物电"理论略胜一筹。在当时，人们甚至觉得"电"可能成为联系生死的一种桥梁。诗人雪莱的妻子玛丽•雪莱受到伽伐尼的研究报告启发，写下了人类历史上第一本科幻小说——

《弗兰肯斯坦》，讲的就是疯狂科学家通过电击复活死尸的故事。这也从侧面反映出伽伐尼理论对当时社会的影响。

1798年，伽伐尼去世。他的整个后半生，都在孜孜不倦地研究着青蛙腿。然而，伏打还在为自己的理论努力。怎样才能证实生物电的产生是金属造成的呢？伏打换了另外一种方式——他用一块锌板和一块铜板，把它们分开浸泡在盐水中以代替原来实验用的青蛙腿。在这个简单的设计里，他居然检测到了电流。他把这种装置称为"电堆"，因为它是由浸在酸溶液中的锌板、铜板和重复许多层的布片构成的。他在一封写给皇家学会会长班克斯（1743—1820）的著名信件中介绍了他的发明，用的标题是"论不同导电物质接触产生的电"。这一装置，后来被命名为——"伏打堆"。而这个"伏打堆"，就是人类历史上第一块电池！1800年，伏打最终证明了自己的理论。然后又进一步改进了伏打堆，因为两块金属板产生的电压太低，他就将六个这样的单元串在一起，得了将近4V的电压。这个电压在今天平平无奇，几个小电池串起来就能办到。可在当时，伏打堆的强度的数量级比从静电起电机能得到的电流的大，已经可以为科学实验提供足够的电能了，从而为随后的"电气时代"拉开了帷幕。

为了表彰伏打对科学所作出的贡献，"电压"的单位"伏特"（Volt），就是以他命名的。（出于习惯，在我们国家，物理学上称电压单位为伏特，化学上称伏打电池。）伏打死后，为了纪念他，当年意大利的官方货币上画上了"伏打堆"，甚至连他出生的小镇，都改称为"科莫伏打"（Camnago Volta）。伏打教授虽然错误地否定了生物电的存在，却意外发现了电池的原理，成为世界上第一个发明电池的人。

从当代科学的角度看，伽伐尼和伏打的理解都没有错。伏打研究的是金属间的电位差；而伽伐尼发现的"电"则来自于生物体内的细胞，每个小细胞，其实都是一个小电池，伽伐尼的"生物电"，是这些"小电池"作用的积累。这也解释了为什么青蛙神经连接蛙腿，也能造成蛙腿跳动的现象。伽伐尼和伏打虽然分歧严重，但仍然彼此尊重。伏打甚至以伽伐尼的名字发明了"Galvanism"这一术语，以描述化学活动产生的直流电。

现在的电池，既叫"伽伐尼电池"，也称"伏打电池"。

模块 3 控制电位电解称量分析

编号 FJC-74-01

学习单元 3-1 电解

学习目标：在完成本单元学习之后，能够认识电解的基础知识，掌握电解的应用。
职业领域：化工、石油、环保、医药、冶金、建材等
工作范围：分析

一、电解的概念

在电解池的两个电极上加一直流电压，使电解池中有电流通过，物质在两个电极上发生氧化还原反应而引起物质分解的过程，称为电解。

二、电解的基本原理

如在 0.1mol/L 的 H_2SO_4 介质中，电解 0.1mol/L 的 $CuSO_4$ 溶液。两个电极都用铂制成，阳极由电动机带动，进行搅拌；阴极采用网状结构，其优点是表面积较大。当电解进行时，电解池中将发生以下过程：试液中带正电荷的 Cu^{2+} 被吸引移向阴极，从阴极上获得电子还原成金属铜。

电极反应为：

(—)阴极反应：$Cu^{2+} + 2e^- \longrightarrow Cu$ （还原反应）

(+)阳极反应：$2H_2O \longrightarrow O_2 + 4H^+ + 4e^-$ （氧化反应）

在电极上发生的反应叫作电极反应，电解时阴极上发生还原反应，阳极上发生氧化反应。通过称量电解前和电解后铂网电极的质量，即可精确地得到金属铜的质量，从而计算出试液中铜的含量。

三、电解的应用

1. 铜的电解精炼

(1) 粗铜所含的杂质

粗铜所含杂质有 Zn、Fe、Ni、Ag、Au 等。

(2) 粗铜的精炼

以粗铜为阳极，以纯铜为阴极，以 $CuSO_4$ 溶液为电解液进行电解，如图 3-1。

阳极：$Zn-2e^- \longrightarrow Zn^{2+}$ $Fe-2e^- \longrightarrow Fe^{2+}$

　　　$Ni-2e^- \longrightarrow Ni^{2+}$ $Cu-2e^- \longrightarrow Cu^{2+}$

阴极：$Cu^{2+}+2e^- \longrightarrow Cu$

2. 电镀

(1) 概念

电镀即应用电解原理在某些金属表面镀上一层其它金属或合金的过程，如图 3-2 所示。

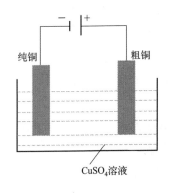

图 3-1　硫酸铜的电解

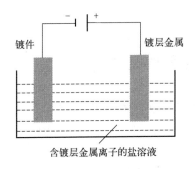

图 3-2　电镀

(2) 电镀池形成条件

① 镀件作阴极。

② 镀层金属作阳极。

③ 含镀层金属阳离子的盐溶液作电解液。

(3) 电镀的特点

电镀液的组成及酸碱性保持不变。

进度检查

一、填空题

1. 使直流电通过电解质溶液而在阴、阳两极引起＿＿＿＿＿＿的过程称为电解。＿＿＿能转换为＿＿＿能的装置叫作电解池。

2. 电解时阴极上发生＿＿＿＿，阳极上发生＿＿＿＿。

3. 电镀的特点是＿＿＿＿＿＿＿＿＿＿＿＿。

二、选择题

1. 利用电解法可将含有 Fe、Zn、Ag、Pt 等杂质的粗铜提纯，下列叙述正确的是（　　）。

   A. 电解时以精铜作阳极

   B. 电解时阴极发生氧化反应

   C. 粗铜连接电源负极，其电极反应是 $Cu-2e^- \longrightarrow Cu^{2+}$

   D. 电解后，电解槽底部会形成含少量 Ag、Pt 等金属的阳极泥

2. 下列描述中，不符合生产实际的是（　　）。

   A. 电解熔融的氧化铝制取金属铝，用铁作阳极

   B. 电解法精炼粗铜，用纯铜作阴极

   C. 电解饱和食盐水制烧碱，用涂镍碳钢网作阴极

   D. 在镀件上电镀锌，用锌作阳极

学习单元 3-2　电解称量分析的基本知识

学习目标：在完成本单元的学习之后，能够掌握电解称量分析的基本原理和方法。
职业领域：化工、石油、环保、医药、冶金、建材等
工作范围：分析

一、电解称量分析法的概念

电解称量分析法是以称量沉淀于电极表面的沉淀物的质量为基础的一种电化学分析法，它是根据电解原理建立起来的分离和测定元素的方法。在进行电解分析时，将一对电极（通常是用铂电极）浸入被测定物质的溶液中，构成一个电解池。在有电流通过的情况下，被测离子在已经称量的电极上以金属单质或金属氧化物形式析出，然后根据电极析出增加的质量可以计算出被测物质的含量。可以认为它是一种用电作沉淀剂的分析法，实质上是质量分析法，因而又称为电质量分析法。

由于在计算过程中不涉及电解过程中所消耗的电量，所以在电解称量分析中不要求电流效率一定为100%。

二、电解称量分析法的分类

电解称量分析法可采用恒电流电解过程，也可以采用恒电位电解过程，因而分为恒电流电解称量分析法和恒电位电解称量分析法。恒电流电解称量分析法，是在恒定的电解条件下进行电解的。电解时以待测试样溶液作为电解池的电解质溶液，施加足够的外加电压，调节电阻以控制电解的电流强度的恒定数值，直到待测元素完全析出。然后洗净、烘干析出物质，最后进行称量和计算分析结果。此法一般适用于溶液中只有一种金属离子可以沉积的情况，不需控制阴极电位，通常加到电解池上的电压比分析电位高适当数值，以加快电解速度。

恒电流电解称量分析法的缺点是选择性差。要使两种析出电位较近的金属分离，就必须控制阴极电位。这种在控制阴极电位的条件下进行电解称量分析的方法，叫作控制电位电解称量分析法。

三、控制电位电解称量分析的原理

当待测溶液中含有两种以上的金属离子，金属离子的还原电位相差较大时，利用

各种离子析出电位的差异,控制阴极电位为恒定的、适当的数值,使它仅低于其中氧化还原电位最高的一种离子,而高于其他离子的氧化还原电位,就可以选择性地使某一种离子在阴极上定量地析出,而共存的其他离子完全不析出,从而对析出的元素进行定量测定。

在控制电位电解过程中,电解电位与离子的氧化还原电位的关系为:

$$E_{电解}=E_{氧化还原}-E_{甘汞}$$

随着电解的进行,溶液中被测离子的浓度渐渐减少,电解电流因而也随之逐渐降低。在被测离子完全析出后,电流趋近于零(允许有一个很小的残余电流),表示已经电解完全,电解分离即告完成。称量析出物质的质量,即可测出被测物质的含量。

如以铂为电极,电解液为 0.1mol/L H_2SO_4 溶液,含有 1.0mol/L Cu^{2+} 和 0.01mol/L Ag^+,问能否通过控制外加电压方法使二者分别电解而不相互干扰?

(1) 各离子在阴极的析出电位

Cu 的析出电位:$\varphi_{Cu}=\varphi_{Cu}^{\ominus}+0.0592\lg c_{Cu^{2+}}=0.337+0.0592\lg1=0.337(V)$

Ag 的析出电位:$\varphi_{Ag}=\varphi_{Ag}^{\ominus}+0.0592\lg c_{Ag^+}=0.799+0.0592\lg0.01=0.681(V)$

因为 $\varphi_{Ag}>\varphi_{Cu}$,故 Ag^+ 先于 Cu^{2+} 在阴极上析出。

(2) Ag^+ 完全析出时的外加电压(即溶液中 Ag^+ 的浓度为 10^{-6}mol/L)

Ag 的阴极电位:$\varphi_{Ag}=0.779+0.0592\lg10^{-6}=0.424(V)$

阳极发生水的氧化反应,析出氧气。

O_2 在阳极的电位(O_2 在铂电极上的超电位为 0.72V):

$\varphi_{O_2}=\varphi_{O_2}^{\ominus}+0.0592\lg(p_{O_2}^{1/2}c_{H^+})+\eta=1.23+0.0592\lg(1^{1/2}\times0.2^2)+0.72=1.867(V)$

因此,Ag^+ 完全析出时的外加电压 $=1.867-0.424=1.443(V)$

(3) Cu 开始析出时的外加电压 $= 1.867 - 0.337 = 1.530$ (V)

可见在 Ag 完全析出时的电压并未达到 Cu 析出时的分解电压,即可以通过控制外加电压来进行电解分析。

控制电位电解称量分析法的最大特点就是选择性好,因而应用很广。只要阴极电位选择得当,便可使待测溶液中各种共存的金属离子依次分别在阴极上析出,实现分离成分分别定量测定。但对共存离子的析出电位之差有一定要求。一般情况下要求,两种一价金属离子的还原电位应相差 0.35V 以上,两种二价金属离子的还原电位应相差 0.2V 以上。

进度检查

一、填空题

1. 电解称量分析法是根据_____原理,以称量_____的质量为基础的电化学分析法。它可分为_____法和_____法。

2. 控制电位电解称量分析法的_____是恒定的，_____阳离子浓度的降低而降低。

3. 控制电位电解称量分析法的最大特点是_____。

二、判断题（正确的在括号内打"√"，错误的打"×"）

1. 恒电流电解称量分析要求电流效率为100%。（　　）

2. 控制电位电解称量分析中，电解电位比被测离子的氧化还原电位高。（　　）

3. 控制电位电解称量分析中，电解完全的标志是电流近似为零。（　　）

4. 控制电位电解称量分析中，要实现选择性电解，两种二价金属离子的电位一般应相差0.2V以上。（　　）

编号 FJC-74-03

学习单元 3-3　控制电位电解仪器操作

学习目标：在完成本单元的学习之后，能够使用电解分析仪进行样品（粗铜纯度）测定的分析操作。
职业领域：化工、石油、环保、医药、冶金、建材等
工作范围：分析

一、实验目的

① 学会应用控制阴极电位电解法测定铜。
② 学会使用电解分析仪。

二、实验原理

在酸性介质中，当有恒定电流通过惰性 Pt 电极时，在两电极上发生的电极反应如下：

$$阴极上：Cu^{2+} + 2e^- \longrightarrow Cu$$
$$阳极上：H_2O - 2e^- \longrightarrow 2H^+ + O_2$$

待铜离子浓度降到一定程度时，其它离子，如氢离子便在阴极上还原析出。但析出电位低于阴极电位的其它离子不会析出，这样便达到了分离测定铜的目的。

三、仪器与试剂

DSJ-52 型控制电位电解仪，铂网阴极，螺旋状铂阳极，饱和甘汞电极，磁力搅拌器。

HNO_3 溶液，盐酸肼，硫酸羟胺。

四、实验步骤

1. 电极的准备

将铂网阴极及螺旋状铂阳极依次用温热的 (1+1) HNO_3 溶液及蒸馏水浸洗，再用无水乙醇洗一次，然后置于洁净的表面皿上，放入 105～110℃ 烘箱中干燥并使

其恒重，记下两电极的质量。

2. 试样的溶解

准确称取试样 1~3g 置于 250mL 烧杯中，加入（1+1）HNO_3 30mL，低温加热使试样溶解后，煮沸并蒸发至近干（体积为 3~5mL）。取下冷却后，加 1∶3 HNO_3 50mL，加热煮沸 10min，加滤纸浆少许并充分搅拌。取下放置片刻，以定性滤纸过滤，收集滤液于 250mL 高型烧杯中。以热 2% HNO_3 洗涤沉淀至滤液无 Cu^{2+} 所显示的蓝色后再洗 3~4 次，将滤液用 2% HNO_3 稀释至 150~250mL，供电解测定铜用。

3. 仪器的准备

将电极安装在电解仪上，按说明书的要求调试好仪器。

4. 电解测定

① 将试液预先加热至 40~60℃，将烧杯置于电极下方，抬高烧杯使电极浸入试液至网状电极露出液面 1cm 处，用带有加热电炉的托盘托住烧杯。

② 打开直流电源开头并将电解仪上的电源极性闸刀拨至"正电流"。

③ 旋转电流调节旋钮至电流表读数为 2A 左右（电压为 2~4V）。

④ 开启搅拌开关。

⑤ 在电解过程中，随时观察电流表，电流应保持在 2A 左右。若有变动，应调节使电流为 2A 左右；在电解过程中，温度保持在 40~60℃。

⑥ 当溶液中 Cu^{2+} 的淡蓝色全部消失后，将烧杯向上移动少许，或注入少量蒸馏水使部分裸露的电极表面浸入溶液，继续电解 10min，观察新浸入的阴极表面上是否有铜析出。若无铜析出，则表示电解已完全。否则应继续电解，直至用上法检查证明电解已完全为止。

⑦ 电解完全后，关闭搅拌器。在不切断直流电源的情况下，取下盛装试液的烧杯，并以盛有蒸馏水的烧杯浸洗电极 2~3 次，或用蒸馏水吹洗电极。

⑧ 将电源极性闸刀拨至"断"，切断直流和交流电源开关。

⑨ 依次小心取下阴极和阳极，用蒸馏水洗净后，再用乙醇浸洗一次，置于 110℃ 烘箱中烘干至恒重。

⑩ 测定完毕后，将电极浸入（1+1）HNO_3 溶液中并加热使铜溶解完全，然后用蒸馏水清洗干净，烘干称重，其质量应与使用前相同。

五、数据处理

按下述方法计算 Cu 的含量：

$$w(\mathrm{Cu}) = \frac{A_2 - A_1}{G}$$

式中 　G——样品质量，g；

　　　A_1——电解前阴极质量，g；

　　　A_2——电解后阴极质量，g。

进度检查

思考题

1. 要想得到牢固、致密、纯净的分析物，在实验中应注意哪些实验条件？
2. 与控制电位电解法相比较，恒电流电解法有哪些优缺点？
3. 影响本测量的误差有哪些？

> 编号 FJC-74-04
>
> # 学习单元 3-4　电解称量分析法测定混合物
>
> **学习目标**：在完成本单元的学习之后，能够使用电解分析仪进行样品混合物定量测定的分析操作。
> **职业领域**：化工、石油、环保、医药、冶金、建材等
> **工作范围**：分析

一、实验目的

① 学习控制阴极电位电解法进行混合物分别定量的方法。
② 会使用电解分析仪。

二、实验原理

在 1mol/L HCl 溶液介质中，控制阴极电位为 $-0.35\sim0.40\text{V}$（相对于 SCE），可使溶液中的 Cu^{2+} 定量析出，而 Sn^{2+} 不干扰测定。当 Cu^{2+} 电解完全后，用 NaOH 溶液将 pH 调至 3，阴极电位调至 -0.6V，再定量电解析出 Sn，通过称量电解前后阴极质量的变化，可分别测定 Cu^{2+} 和 Sn^{2+}。

三、试剂和仪器

HCl 溶液（4mol/L）；NaOH 溶液（5mol/L）；盐酸羟胺；无水乙醇；Cu^{2+} 和 Sn^{2+} 混合试样；HNO_3 溶液（1+1）；浓 HCl 溶液。

自动控制电位电解装置；铂网电极；螺旋铂丝电极；饱和甘汞电极；电磁搅拌器；电解烧杯；分析天平；pH 计。

四、实验步骤

① 将铂网电极用 HNO_3 溶液煮沸，清洗干净后，分别用水和无水乙醇洗净，然后在 80℃下干燥 5min，于干燥器中冷却 30min，最后称重。

② 连接好自动控制电位电解装置，铂网电极为工作阴极，螺旋铂丝电极为工作阳极，饱和甘汞电极为参比电极。

③ 取 Cu^{2+} 和 Sn^{2+} 混合试样 60mL 于电解烧杯中，加入盐酸羟胺 2g 和 4mol/L HCl 溶液 20mL，静置加热 10min。

④ 设定阴极电位为 -0.36V，在强搅拌下电解。

⑤ 电解电流降到 5~10mA 时，取出铂网电极，分别用水和无水乙醇洗净后，于 80℃ 的恒温烘箱中干燥 5min。

⑥ 于干燥中冷却 30min 后，称量铂网电极，求出铜的含量。

⑦ 用 5mol/L NaOH 溶液将电解铜后的电解液调节到 pH3.0，仍用析出铜的铂电极继续电解。设定阴极电位为 -0.6V，电解析出锡。

⑧ 电流降至 5~10mA 时，取出铂网电极，用水和无水乙醇洗净后，干燥，冷却，称重。求出锡的质量。

⑨ 重复 3 次。

⑩ 由 3 次测定结果计算样品中铜、锡含量。

五、注意事项

电解称量分析法不一定要求电流效率为 100%，因而可以选用较大的初始电流。电解液也可以不用除氯，但沉积层需致密，不应包裹或夹带杂质。

进度检查

思考题

在采用电解称量分析法时，有时需要向电解液中加入配合剂，增加选择性并控制电流密度，试分析其作用原理。

素质拓展阅读

电解称量分析技能考试内容及评分标准

一、考试内容

电解称量分析法测定粗铜的纯度。

1. 试样的预处理
2. 电极的准备
3. 电解测定操作
4. 结果计算

二、评分标准

1. 试样的预处理（30分）

每错一处扣5分。

2. 电极的准备（20分）

每错一处扣5分。

3. 电解测定操作（30分）

每错一处扣5分。

4. 结果计算（20分）

每错一处扣5分。

 素质拓展阅读

中国科学家研制新型催化剂攻克氢燃料电池汽车关键技术难题

中国科学技术大学路军岭教授、韦世强教授、杨金龙教授等课题组，近期合作研制出一种新型催化剂，攻克了氢燃料电池汽车推广应用的关键难题，解除氢燃料电池一氧化碳"中毒休克"危机，延长电池寿命，拓宽电池使用温度环境，在寒冬也能正常启动。该研究使氢能源汽车有望民用推广，国际学术期刊《自然》2019年1月31日发表了该成果。

氢气被认为是未来最有前途的清洁能源之一。但氢燃料电池的发展面临许多挑战，其中一个关键难题是燃料电池铂电极的一氧化碳"中毒"问题。作为氢燃料电池汽车的"心脏"，燃料电池铂电极容易被一氧化碳杂质气体"毒害"，导致电池性能下降和寿命缩短，严重阻碍氢燃料电池汽车的推广。

近期，中科大研究团队设计出一种原子级分散于铂表面的氢氧化铁新型催化剂，该催化剂能够在-75～107℃的温度范围内，100%选择性地高效去除氢燃料中的微量一氧化碳。该新型催化材料可以为氢燃料电池在频繁冷启动和连续运行期间提供全时保护，避免氢燃料电池受一氧化碳"中毒"。

路军岭介绍，他们的最终目标是开发一种廉价的且具有高活性、高选择性的一氧化碳优先氧化催化剂，既可以提供机载燃料电池的全时保护，也可以为工厂高纯氢气制备提供有效手段。

模块 4　控制电位库仑分析

学习单元 4-1　法拉第定律

编号 FJC-75-01

学习目标： 完成本单元的学习之后，能够掌握法拉第定律的基本原理。
职业领域： 化工、石油、环保、医药、冶金、建材等
工作范围： 分析

一、库仑分析法的概念和分类

库仑分析法建立于 1940 年，是电化学分析法中的一种。它是利用电解反应，通过测量流过电解池的电量来测量在电极上起反应的物质的量，可以说是电解分析的一种特例。

按照经典的分类方法，库仑分析法通常可分为两大类，即控制电位库仑分析和控制电流库仑分析，也叫作恒电位库仑分析和恒电流库仑分析。控制电位库仑分析是在控制电位电解方法的基础上发展起来的。在进行控制电位电解后，直接称量铂阴极上析出金属的方法是电解称量分析，通过测量流过电解池的电量来求得被测金属量的方法就是控制电位库仑分析。

恒电流库仑分析不是让被测物质直接在电极上起反应，而是通过恒定的电流电解产生一种"滴定剂"与被测物质的定量反应，通过测量消耗的电量来测定物质的含量，因此恒电流库仑分析也叫库仑滴定或电量滴定。

二、库仑分析法的理论基础——法拉第定律

法拉第定律和内容如下：在电解过程中，发生电极反应的物质的量与流过电解池的电量有直接关系。包括两部分内容。

① 电流通过电解质溶液时，发生电极反应的物质的质量（m）与通过的电量（Q）成正比，即与电流强度和通电时间的乘积成正比。这个定律称为法拉第第一定律。

② 在各种不同的电解质溶液中，通过相同的电量时，在电极上析出的每种物质的质量与该物质以原子为基本单元的摩尔质量成正比，与参与反应电子数成反比。这个定律称为法拉第第二定律。

电解定律的数学表达式为：

$$m=\frac{MQ}{nF} \quad \text{或} \quad m=\frac{MIt}{nF}$$

式中　m——电解时电极上析出物质的质量，g；

　　　M——物质以原子为基本单元的摩尔质量，g/mol；

　　　Q——通过的电量，C；

　　　F——法拉第常数，96500C/mol；

　　　I——电解时的电流强度，A；

　　　t——电解时间，s；

　　　n——电极反应时，一个原子得失的电子数。

法拉第定律定量地描述了在电解电极上析出的物质质量 m 与通过电解质的电量 Q 之间的关系。因此只要准确地测出流过电解池的电量 Q，就能计算出电极上析出的物质质量 m。当然应用此定律有前提，即流过电解池的电量全部用于被测物质的电解，没有副反应发生，就是说电流效率必须是100％。

进度检查

一、填空题

1. 库仑分析法是利用_____反应，通过测量_____来确定在电极上起反应的物质的量，可分为_____和_____两大类。

2. 法拉第定律描述的是_____与_____之间的定量关系。

3. 控制电位库仑分析的原理是用_____或_____的方法控制_____，测量_____来计算析出物质的质量。

二、判断题（正确的在括号里打"√"，错误的打"×"）

1. 恒电流库仑分析是在恒定电流下电解的被测物质直接在电极上起反应。　　　　　　　　　　　　　　　　　　　　　　　　　　　　（　　）

2. 法拉第定律成立的前提是电流效率为100％。　　　　　　（　　）

3. 恒电位库仑分析可以通过测量电流来计算通过电解池的电量。（　　）

编号 FJC-75-02

学习单元 4-2　控制电位库仑分析的基本知识

学习目标：在完成本单元的学习之后，能够掌握控制电位库仑分析的基本原理和方法。
职业领域：化工、石油、环保、医药、冶金、建材等
工作范围：分析

一、控制电位库仑分析的原理

控制电位库仑分析的原理与控制电位电解称量分析基本相同，都是用人工或自动的方法控制电解电极的电位，让被测离子在电极上析出，其他干扰离子留在溶液中。所不同的是，控制电位电解称量分析是直接称量析出物质的质量，而控制电位库仑分析是测量通过电解池的电量，通过电量计算出物质的质量。这样可不受析出物质形态的限制，因而应用范围较广。由于电流不恒定，不能通过电流与时间的乘积这样简单的计算来测出通过电解池的电量，因此必须在电解电路中串接一个库仑计以测出电量。

二、测定方法

在固定电位下，使待测物完全电解，测量电解所需要的总电量，根据法拉第定律即可求出待测物质的量。所以实验的关键是准确测量电量，常用的方法有下述两种。

1. 库仑计法

库仑计是恒电位库仑分析装置的重要部件。库仑计的种类很多，可以应用不同的电极反应来构成，如银库仑计（重量库仑计）、氢-氧库仑计（气体库仑计）、滴定库仑计（化学库仑计）以及电流积分电量计等。其中气体库仑计结构简单、使用方便，被广泛采用。

气体库仑计由一支带有活塞和两个铂电极的玻璃管同一支有刻度的滴定管以橡皮管连接组成，管中充以 0.5mol/L 硫酸钾或硫酸钠溶液，管外装有恒温水套。当有电流流过时，铂阴极上析出氢气，铂阳极上析出氧气。电解前后，刻度管中液面之差就是氢、氧气体的总体积。在标准状况下，每库仑电量析出 0.1741mL 的氢、氧混合气体。如果量得库仑计中氢、氧混合气体的体积为 VmL（已校正至标准状况下），则电

解消耗的电量 Q 为

$$Q = \frac{V}{0.1741}$$

由法拉第定律求得被测物的质量为

$$m = \frac{VM}{0.1741 \times 96487n} = \frac{VM}{16798n}$$

此库仑计的误差可达 $\pm 0.1\%$，操作方便，是最常用的一种库仑计，称为氢-氧库仑计。但在微量电量的测定上，若电极上电流密度低于 0.05A/cm^2，会产生较大的负误差。这是由于在阳极上同时产生的少量过氧化氢还来不及被氧化，就跑到溶液中并在阴极上被还原，使氢、氧气体的总量减少（当电流密度较高，阳极电位很正时，有利于过氧化氢氧化为氧）。如果用 0.1mol/L 硫酸肼代替硫酸钾，阴极反应物仍是氢，而阳极产物却是氮。

产生的氢离子在铂阴极上被还原为氢气的气体库仑计称为氢-氮库仑计。氢-氮库仑计每库仑电量产生气体的体积与氢-氧库仑计相同，它在电流密度很低时，仍能得到小于百分之一的误差，适合于微量分析。

2. 积分法

在控制电位电解过程中，电解电流随时间而衰减，即

$$i_t = i_0 \times 10^{-kt} \text{ 或 } \lg i_t = \lg i_0 - kt$$

式中，i_0 为电解开始时的电流；i_t 为时间 t 时的电流；k 为与电极面积、溶液体积、搅拌速度及电极反应有关的常数。

至时间 t 流过电解池的电量 Q_t 可以积分求得。

$$Q = \int_0^t i_t \mathrm{d}t = \int_0^t i_0 10^{-kt} \mathrm{d}t = \int_0^t i_0 \mathrm{e}^{-2.303kt} \mathrm{d}t = \frac{0.434}{k}(i_0 - i_t)$$

随着电解时间的增加，i_t 将逐渐减小，当 $i_t < 0.1\%$ 时，i_t 可忽略不计，则可得

$$Q = \frac{0.434 i_0}{k}$$

只要由 $\lg i_t$-t 曲线的截距及斜率求得 i_0 及 k，即可由上式计算出 Q。

实际上靠人工计算方法求积分值或积分面积甚为麻烦，而且准确度较差，没有实用价值。现在由于电子技术的发展，这种记录和积分工作都可以用电子仪器（电流-时间电子积分仪）自动完成，并以数字显示电量数值，应用更加方便。

三、影响电流效率的因素及消除方法

库仑分析法的先决条件是电流效率为 100%，但实际应用中由于副反应的存在，100% 的电流效率很难实现，可能发生的副反应及其消除方法分述如下。

1. 溶剂的电解

一般分析工作是在水溶液中进行的，所以应当控制适当的电极电位和溶液的 pH

范围，以防止水的电解。当工作电极为阴极时，应防止有氢气析出，工作电极为阳极时，则应防止有氧气析出。采用汞做阴极，由于氢气的过电位高，所以应用范围比以铂电极做阴极要广泛得多。

2. 杂质的电解

试剂及溶剂中微量易还原或易氧化的杂质在电极上反应会影响电流效率。可以用纯试剂做空白校正加以消除；也可以通过预电解除去杂质，即用比所选定的阴极电位负 0.3~0.4V 的阴极电位对试剂进行预电解，直至电流降低到残余电流为止。

3. 溶解氧的还原

溶液中一般都有溶解氧的存在，溶解氧可以在阴极上还原为 H_2O_2 或 H_2O，降低电流效率。除去溶解氧的方法是在电解前通入惰性气体（一般为氮气）数分钟，必要时应在惰性气体气氛下电解。

4. 电极物质参与反应

铂阳极在有 Cl^- 或其他配合剂存在时也可能发生氧化溶解，可采用惰性电极或者其他材料制成的电极。

5. 电解产物的副反应

常见的是两个电极上的电解产物会相互反应，或一个电极上的反应产物又在另一个电极上反应。防止办法是选择合适的电解液或电极；采用隔膜套将阳极或阴极隔开；将辅助电极置于另一个容器中，用盐桥相连。

四、恒电位库仑分析法的特点及应用

恒电位库仑分析法的主要特点有以下三方面。

① 不需要使用基准物质，准确度高。因为它是根据对电量的测量而计算分析结果的，而测量电量的准确度极高。

② 灵敏度高。可测定 $0.01\mu g$ 级物质。

③ 对于电解产物不是固态的物质也可以测定。例如可以利用亚砷酸在铂阳极上氧化成砷酸的反应测砷。

恒电位库仑分析法的诸多优点使其应用广泛。目前这种分析方法已成功地用于 50 多种元素的测定，这些元素包括氢、氧、卤素、银、铜、铋、砷、铁、铅、锌、镉、镍等。它还可以测定一些阴离子（如 Cl^-、Br^-、I^-、AsO_3^{3-} 等离子）和有机化合物（如苦味酸、三氯乙酸等）。此外，恒电位库仑分析法还常用于电极过程反应机理的研究及测定反应中电子转移数等。

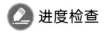 **进度检查**

一、填空题

1. 控制电位库仑分析法的测定方法有_____和_____。

2. 库仑分析也是电解，但与普通电解不同，测量的是电解过程中消耗的_____，因此，它要求_____为先决条件。

3. 控制电位库仑分析的副反应及其消除方法有_____、_____、_____。

4. 库仑分析的基础是_____。

二、判断题（正确的在括号里打"√"，错误的打"×"）

1. 恒电位库仑分析法灵敏度高，可测定 $0.01\mu g$ 级物质。　　　　（　　）

2. 恒电位库仑分析法需要使用基准物质，准确度高。　　　　　　　（　　）

3. 库仑滴定中加入大量无关电解质是为了保证电流效率为 100%。　（　　）

编号 FJC-75-03

学习单元 4-3　电位库仑分析仪操作

学习目标：在完成本单元的学习之后，能够使用 KLT-1 型通用库仑分析仪进行样品测定的分析操作。
职业领域：化工、石油、环保、医药、冶金、建材等
工作范围：分析

一、仪器组成和工作原理

库仑分析具有分析速度快、准确、灵敏、操作简便、易于自动化、试剂可以连续再生、仪器不需要标定等特点，它是一种绝对量的分析技术。库仑分析技术可用于容量分析中的各类滴定，如酸碱中和滴定、沉淀滴定、氧化还原滴定以及络合滴定等。库仑分析法用途比较广泛，因其准确度较高，常被用于试剂纯度的测定，在石油化工、冶金、医药、食品、环境监测等领域也有广泛的应用。

库仑分析仪器以专用库仑分析仪居多，针对具体特定的分析项目，使用特定规格的滴定池和转化装置。如在石油产品分析中广泛使用的库仑法硫（氯、氮等）测定仪、水分测定仪、溴指数测定仪及化学耗氧量（COD）测定仪等。在石油分析及环保检测等方面有许多使用库仑分析仪器的国家标准或行业标准作为标准分析方法。

1. 仪器组成

KLT-1 型通用库仑仪由精密库仑仪主机、滴定池及搅拌器组成，适合于普通库仑分析实验。

2. 工作原理

仪器按照恒电流库仑滴定的原理设计。图 4-1 是该仪器的示意图，仪器由终点方式选择控制电路、电解电流变换电路、电量积算电路、数字显示电路四大部分组成。

（1）终点方式选择控制电路

指示电极的信号经过微电流放大器或微电压放大器进行放大，放大器采用高输入阻抗运算放大器，极化电流可以调节并指示，然后经微分电路输出一脉冲信号到触发电路，再推动开关执行电路去带动继电器，使电解电路吸合、释放。

仪器面板设有"电位、电流""上升、下降"琴键开关，根据终点控制方式需要选择。终点控制方法可以用电流（上升或下降）法，也可以用电位（上升或下降）

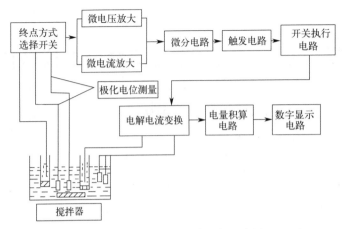

图 4-1　KLT-1 型通用库仑仪示意图

法，具有一定的通用性。

指示电极的选择根据分析需要确定，电流法使用两个铂片电极组成电极对，电位法使用一个铂片电极和一个钨棒电极组成电极对。

(2) 电解电流变换电路

电解电流变换电路由电压源、隔离电路和跟随电路组成。电解电流大小可通过变换射极电阻大小获得，电解电流有 5mA、10mA、50mA 三挡，由于电解回路与指示回路的电流是分开的，因此不会产生电解电流对指示的干扰，电解电极的极电压最大不超过 15V。

(3) 电量积算电路

该电路包括电流采样电路、V-f（电压-频率）转换电路及整形电路、分频电路。由于 V-f 转换电路采用高精度、稳定性好的集成转换电路，电量积算采用电流对时间积分，所以电量积算精度较高，积分精度可达 $0.2\% \sim 0.3\%$，这已满足一般通用库仑分析的要求，该电路的电源也采用 15V 稳压集成电路，稳定精度高。

(4) 数字显示电路

该仪器全采用 CMOS 继承复合集成电路，4 位 LED 数码管显示。

3. 电解池和电极

该仪器随机配用的铂电解池采用了四电极系统，指示电极共三根，包括两个相同铂片电极和一个有砂芯隔离的钨棒电极。电流法采用两根相同的铂片电极，电位法用一根铂片电极和一根有砂芯隔离的钨棒参考电极。

电解电极由一根双铂片电极（为充分考虑电流效率能达 100%，双铂片总面积约 900mm^2）和另一根有砂芯隔离的铂丝电极组成。一般双铂片电极为工作电极，铂丝电极作辅助电极。可以进行多种元素的库仑分析。

二、仪器使用方法

操作方法如下。

① 开启电源前将琴键全部释放,"工作、停止"开关置"停止"位置,电解电流量程根据样品含量大小、样品量多少及分析精度选择合适的挡,电流微调放在最大位置。一般情况下选 10mA 挡。

② 开启电源开关,预热 10min,根据样品分析需要及采用的滴定剂,选用指示电极电位法或指示电极电流法,将指示电极插头和电解电极插头插入机后相应插孔内,并夹在相应的电极上。把配好电解液的电解杯放在搅拌器上,放入搅拌子,开启搅拌,选择适当转速。

③ 电位法指示终点的操作:以电生 Fe^{2+} 测定 Cr^{6+} 为例,终点指示方式可选"电位下降法",依次按下"电位"和"下降"按键,此时电解阴极为有用电极,故用中二芯黑线(阴极)接双铂片,红线接铂丝阴极;大二芯黑夹子夹钨棒参比电极,红夹子夹两指示铂片中的任意一根。并把插头插入主机后面板上的相应插孔。补偿电位器预先调在 3 的位置,按下"启动"琴键,调节补偿电位器使电流表指针指在 40 左右,待指针稍稳定,将"工作/停止"置"工作"挡。如原指示灯处于灭的状态,则此时开始电解计数。如原指示灯是亮的,则按一下"电解"按钮,灯灭,开始电解,电解至终点时表针开始向左突变,红灯亮,仪器显示数即为所消耗的电量,单位是毫库仑(mC)。

④ 电流法指示终点的操作:以电生碘滴定砷为例,终点指示方式可选"电流上升"法。此时指示电极用两个铂片电极,即将大二芯黑夹子和红夹子连接到两指示铂片上;用中二芯红线(阳极)接双铂片,黑线(阴极)接铂丝,并把插头插入主机后面板上的相应插孔。把极化电位钟表电位器预先调在 0.4 的位置,按下"启动"琴键,按下"极化电位"琴键,调节极化电位到所需的极化电位值(一般为 200mV 左右,使 50μA 表头指示在 20 左右)。松开"极化电位"琴键,按一下"电解"按钮。灯灭,开始电解。电解至终点时表针开始上升(向右突变),红灯即亮,仪器读数即为电量。

三、仪器使用注意事项

① 仪器在使用过程中,拿出电极头或松开电极夹时必须先释放启动琴键,以使仪器的指示回路输入端起到保护作用,不然会损坏机内之器件。

② 电解电极和采用电位法指示滴定终点的指示电极正负极不能接错。电解电极的有用电极,应根据选用什么滴定剂和辅助电解质而定。一般得到电子被还原而成为滴定剂的电解阴极为有用电极(如 $Fe^{3+} + e^- \longrightarrow Fe^{2+}$)。失去电子被氧化而成为滴定剂的电解阳极为有用电极(如 $2Cl^- - 2e^- \longrightarrow Cl_2$)。有用电极为双铂片电极,另一个

辅助电解电极为铂丝，用砂芯和有用电极隔离。指示电极以钨棒为参考电极，另一根铂片为指示电极，电解电极插头为中二芯，红线为阳极，黑线为阴极，指示电极插头为大二芯，红线为正极，白线为负极。

③ 电解过程中不要换挡，否则会使误差增加。

④ 量程选择在 50mA 挡时，电量为读数乘 5mC，10mA 和 5mA 挡时读数即为电量，单位为毫库仑。

⑤ 电解电流的选择，一般分析低含量时可选择小电流，但如果电流太小，有时可能终点不能停止，这主要是因为等当点突变速率太小，而使微分电压太低不能关断。电流下限的选择以能关断为宜。在分析高含量时为缩短分析时间可选择大电流，一般以 10mA 为宜，如果需选 50mA 电解电流时，需先用标准样品标定后分析了解电解电流效率能否达到 100%，即电流密度是否太大，一般高含量大电流的选择以电流效率能满足 100% 为宜。

⑥ 如果需选用自制的电解池时，在选用 50mA 电流时，需实际测量电解电流大小，由于电解电极间的阻抗不一样，会使电解电流大于或小于 50mA。

⑦ 只要用一般万用表电流挡的正、负表笔与电解池正、负极串联即可测量电解电流。

⑧ 电解至终点时，如果指示灯不亮，电解不终止，有两种可能性，一是终点自动关闭电路发生故障，滴定终点方式选择"电压下降"，这时可顺时针旋动"极化、补偿电位"钟表电位器，使指针向左突变。如果指示灯不亮，就是该电路发生故障，指示灯亮，则说明电路正常。二是电解终点指针下降较正常慢，终点突跳不明显，致使微分输出电压降压，指示灯不亮，这一般是由于指示电极污染所致。这时可把电极重新处理或更换内充液。

⑨ 电解回路无电流，这时可检查电解电流插头、夹子有无松动或脱焊等现象，电极铂片与接头是否相通。

⑩ 揿下启动琴键，终点方式选择下降（或上升），表头指针向左打表（或指针向右打表），这时有两种情况。一是说明电解已至终点，表针已至等当点以下，再加入一些样品指针即会恢复正常。二是加入样品指针也不会恢复正常，还是打表，这说明指示回路没有接通，必须检查指示电极插头和指示电极铂片与接头有无脱焊、松动、断路等现象。

进度检查

叙述仪器使用操作。

编号 FJC-75-04

学习单元 4-4　库仑滴定测定砷（Ⅲ）

学习目标：在完成本单元的学习之后，能够使用 KLT-1 型通用库仑分析仪进行砷样品测定的分析操作。
职业领域：化工、石油、环保、医药、冶金、建材等
工作范围：分析

一、实验目的

① 掌握库仑滴定和双铂电极安培法指示终点的原理和方法。
② 了解"死停"终点库仑滴定线路装置。

二、基本原理

本实验是以电解产生的溴作滴定剂，测定砷的含量。以溴化钾或溴化钠微酸性溶液（乙酸溶液）为电解质，在工作电极上发生的反应为：

阳极　　$2Br^- - 2e^- \longrightarrow Br_2$

阴极　　$2H_2O + 2e^- \longrightarrow 2OH^- + H_2$

则阳极产物 Br_2 能把 As(Ⅲ) 迅速氧化成 As(Ⅴ)，其反应为：

$$AsO_2^- + Br_2 + H_2O \longrightarrow AsO_3^- + 2Br^- + 2H^+$$

因此，可测定砷的含量。

为了阻止阴极产物的干扰，将阴极置于用烧结玻璃封底的玻璃套管中，与本体溶液隔离。

滴定终点用双铂电极安培法来指示。在终点以前溶液中仅存在 Br^-，线路中无电流通过，此时指示线路电流表不动。在终点以后溶液中 Br^- 和 Br_2 共存，两指示电极上同时发生反应，线路中便有电流通过，电流表指针立即发生偏转，指示到达终点，电解随即停止。

三、试剂

As_2O_3 标准溶液：准确称取 0.5000g As_2O_3，溶于 5mL 2.0mol/L 氢氧化钠溶液中，然后用乙酸酸化，用水定容为 500mL。As_2O_3 含量为 1.000mg/mL。

乙酸溶液（1+1）。
KBr（AR 级）。
冰乙酸（AR 级）。

四、实验步骤

1. 电解液配制

将 5.0g KBr 和 (1+1) 乙酸溶液 2mL 溶于 75mL 蒸馏水中，溶解后移入电解池中。

2. 工作曲线的制作

分别吸取 As_2O_3 标准溶液 0.40mL、0.80mL、1.20mL、1.60mL，注入电解池中，测量电解电量。以电解电量对 As_2O_3 含量作图，即得工作曲线。

3. 未知溶液的测定

取试液 0.8mL，注入电解池中，按上述方法电解至终点。

4. 数据处理

① 根据电解时间和电流强度，直接由法拉第电解定律计算未知试液中 As_2O_3 的含量。

② 由工作曲线求得 As_2O_3 的含量。

③ 比较并讨论两种方法的结果。

五、注意事项

电解液内应不含任何除 As_2O_3 以外能与 Br_2 作用的物质，故所用试剂的纯度应符合要求。

进度检查

思考题

1. 库仑分析法的基本依据是什么？库仑滴定的基本原理是什么？
2. 库仑滴定法中的指示电极、工作电极各起什么作用？本实验中"滴定剂"是如何产生的？
3. "死停"终点法指示终点的原理是什么？

学习单元 4-5　库仑仪对 Cr^{6+} 含量的测定

学习目标：在完成本单元的学习之后，能够使用通用库仑仪测定 Cr^{6+} 含量。
职业领域：化工、石油、环保、医药、冶金、建材等
工作范围：分析

一、实验目的

① 进一步学习库仑滴定的实验方法。
② 学习通过电位指示终点的原理和方法。

二、实验原理

电解产生的 Fe^{2+} 是应用较广泛的还原性库仑滴定剂，可以用来直接测定许多强还原剂，也可以间接测定许多还原剂。

在 3mol/L 硫酸介质中，发生还原的电位是 0.7V，在清洁的铂电极上，电解产生 Fe^{2+} 的反应过程简单而且快速，电流效率容易达到 100%。

阴极反应：$Fe^{3+} + e^- \longrightarrow Fe^{2+}$

滴定的反应：$Cr_2O_7^{2-} + 6Fe^{2+} + 14H^+ \longrightarrow 2Cr^{3+} + 6Fe^{3+} + 7H_2O$

在酸性介质中，$Cr_2O_7^{2-}/Cr^{3+}$ 的电位是 1.33V，随着反应的进行电位下降，据此可以用电位下降法指示反应的终点。

三、仪器和试剂

1. 仪器

KLT-1 型通用库仑仪、电解池、500mL 容量瓶、5mL 移液管、100mL 烧杯、吸耳球等。

2. 试剂

① 电解液配制：分别取水、浓硫酸和 0.5mol/L $Fe_2(SO_4)_3$ 溶液按 45:15:5 的体积比配制。
② 0.5mol/L $Fe_2(SO_4)_3$ 溶液：将 200g $Fe_2(SO_4)_3$ 溶于 1L 蒸馏水中。

四、操作步骤

① 预热仪器。终点控制方式选择"电位下降",依次按下"电位""下降"键。

② 连接电解电极和指示电极接线,中二线(工作电极)黑线接双铂片(互连的两个面积大的铂片)接头,红线接用砂芯与电解液隔离的铂丝电极(内装 3mol/L 硫酸)的接线头。大二芯(指示电极)黑夹子夹钨棒参比电极(内充饱和硫酸钾溶液),红夹子夹两片互相独立且面积较小的铂片电极中的任意一根,并把插头接入主机相应的插孔中。

③ 将盛有电解液(70mL 左右)的电解池置于搅拌器上(池内放入搅拌子),并向池内加入 2mL Cr^{3+} 溶液,开启搅拌器,调整至适当的搅拌速度。

④ 主机上的"电位补偿"电位器预先调至 3 左右,按下"启动"键,调节该电位器,使 $50\mu A$ 表指在 40 左右,将"工作、停止"开关置于工作位置,如原指示灯处于灭的状态,则此时就开始电解,如原指示灯处于亮的状态,则需要按下电解按钮。电解至终点时红灯亮,仪器显示数即为电解滴定所消耗的电量。

⑤ 每次电解滴定至终点后,弹出"启动"键,仪器自动清零。再向滴定池中加入 2mL 试样溶液,重复测定 3~4 次。

⑥ 测定完成之后,整理仪器。

五、数据处理

① 对测量数据进行偏差分析,并合理取舍。
② 计算在待测液中铬的浓度。

进度检查

思考题

1. 在滴定过程中溶液的电位如何变化?
2. 影响库仑滴定电流效率的因素有哪些?如何保持电流效率为 100%?

素质拓展阅读

控制电位库仑分析技能考试内容及评分标准

一、考试内容

库仑分析仪测定砷的含量。

1. 电解液的配制
2. 工作曲线的制作
3. 未知溶液的测定
4. 结果分析

二、评分标准

1. 电解液的配制（20分）

每错一处扣5分。

2. 工作曲线的制作（30分）

每错一处扣5分。

3. 未知溶液的测定（30分）

每错一处扣5分。

4. 结果分析（20分）

每错一处扣5分。

素质拓展阅读

英国化学家戴维首次电解出金属钾

1799年意大利物理学家伏打发明了将化学能转化为电能的电池，使人类第一次获得了可供使用的持续电流。1800年英国的尼科尔森和卡里斯尔采用伏打电池电解水获得成功，使人们认识到可以将电用于化学研究。许多科学家纷纷用电做各种实验。汉弗里·戴维也不例外。在皇家科普协会繁忙的工作中，他开始研究各种物质的电解作用。

最初，戴维用氢氧化钾饱和溶液进行电解。当他接通电源后，从阳极得到的是氧气，从阴极得到的是氢气，证明水被电解了，而氢氧化钾却没有被分解，于是他想在无水的条件下继续这项试验。可是干燥的氢氧化钾并不导电，必须在其表面吸附少量水分时才能导电。

1807年10月6日，戴维将表面湿润的氢氧化钾放在铂制器皿里，并用导线将铂制器皿以及插在氢氧化钾里的电极相连，整套装置都暴露在空气中。通电以后，氢氧化钾开始熔化。戴维发现在阴极附近有带金属光泽的酷似水银的颗粒生成。这些颗粒一经生成便上浮，一旦接触空气，就立即燃烧起来，产生明亮的火焰，甚至发生爆炸。颗粒燃烧后光泽消失，成了白色粉末。当戴维看到这一惊人的现象后，欣喜若狂，竟然在屋子里跳了起来，并在笔记本上写下："重要的实验，证明钾碱被分解了！"

后来，戴维在密闭的坩埚中电解潮湿的氢氧化钾，终于得到了一种银白色的金属。戴维将这种银白色的金属的颗粒投入水中，看到它在水面上急速转动，发出嘶嘶的声音，并燃烧发出紫色的火焰。他确认自己发现了一种新的元素。由于这种元素是从碱中分解出来的，所以戴维将它命名为"Potassium"，中文译名为"钾"。

模块 5 微库仑分析

编号 FJC-76-01

学习单元 5-1 微库仑分析的基本知识

学习目标：在完成了本单元的学习之后，能够掌握微库仑分析的基本原理和方法。
职业领域：化学、石油、环保、医药、冶金、建材等
工作范围：分析

一、微库仑分析的概念和特点

微库仑分析是用一对指示电极来测量电解池中滴定剂离子浓度的变化，用此信号控制电解池的工作电位和电流，根据整个电解过程中通过电解池的电量来测出被测物质含量的方法。它不同于经典的恒电位和恒电流库仑分析，其电位和电流都不是恒定的，是根据被测物质浓度大小，用电子技术自动调节，因而又称为动态库仑分析。与经典方法相比，它具有更高的准确度、灵敏度和自动化程度，更适用于微量分析，因而得到广泛的应用。

二、微库仑分析的原理

微库仑分析的原理见图 5-1。电解池中的参比电极和指示电极成指示电极对，用来指示电解液中滴定剂离子的浓度。当电解池中没有被测物质时，电解液中滴定剂离子的浓度一定。两电极间有一稳定的信号电压。此时外加偏压与信号电压数值相当方向反而抵消，库仑放大器的输入信号为零，输出信号也是零，工作电极间没有电流通

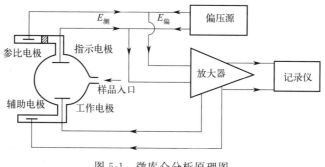

图 5-1 微库仑分析原理图

过，此时微库仑仪处于平衡状态。当被测物质进入滴定池并与滴定剂反应后，滴定剂离子浓度发生变化，指示电极对的信号电压相应发生变化，与外加偏压不平衡，库仑放大器有了输入信号。此信号经放大后控制工作电极，电解池中有电流通过，在工作电极上电解产生滴定剂离子。被测物质浓度越高滴定剂离子浓度降低得越多，指示电极对的信号电压与外加偏压的差值越大，即库仑放大器的输入信号越大，输出信号越大，流过工作电极的电解电流越大，产生滴定剂的速度越快。这样的过程一直持续到被测物质反应终了，滴定剂离子浓度恢复到原有浓度，电解过程自动停止。用电子仪器测出流过电解池的电量，也就是电解生成滴定剂消耗的电量，由此便可计算出消耗滴定剂的量以及被测物质的量。

例如用微库仑仪测定硫的含量，滴定池内装有含 I_3^- 的电解液。当含有 SO_2 的气流进入滴定池时，SO_2 能与电解液中的 I_3^- 反应：

$$SO_2 + I_3^- + 2H_2O \longrightarrow SO_4^{2-} + 3I^- + 4H^+$$

反应过程中 I^- 浓度变化，使指示电极对间的电压发生变化，此时即向工作电极通入电流，在阳极产生 I_2，随即成为 I_3^-

$$2I^- - 2e^- \longrightarrow I_2$$
$$I_2 + I^- \longrightarrow I_3^-$$

当电解产生的 I_3^- 与被 SO_2 消耗的 I_3^- 相等时，溶液中的 I_3^- 浓度与滴定反应前相等，指示电极间的电压回复到原来值，此时即停止电解，因此电解过程消耗的电量，与 SO_2 对 I_3^- 的消耗量相当。按法拉第定律可求得硫含量。

进度检查

一、填空题

1. 微库仑分析是用一对指示电极来测量_____，以此信号控制_____，根据整个电解过程中_____来测出被测物质含量的方法。

2. 当微库仑仪处于平衡状态时，外加偏压与信号电压数值_____方向_____，库仑放大器的输入信号为_____，输出信号为_____，工作电极间_____电流通过。

3. 被测物质浓度越高，滴定剂离子浓度降低得越_____，指示电极对的信号电压与外加偏压的差值越_____，库仑放大器的输出信号越_____，流过工作电极的电解电流越_____，产生滴定剂的速度越_____。

二、判断题（正确的在括号内打"√"，错误的打"×"）

1. 电解过程结束时，滴定池内的滴定剂被全部消耗掉，浓度几乎为零。（　　）
2. 整个电解过程中，电解电流的变化情况是先由零增大再减小到零。（　　）
3. 微库仑分析的理论基础是法拉第定律。（　　）

> 编号 FJC-76-02

学习单元 5-2　微库仑分析仪的结构和工作原理

学习目标：在完成了本单元学习之后，能够掌握微库仑分析仪的基础结构和工作原理，能够使用微库仑分析仪进行样品测定的分析操作。

职业领域：化学、石油、环保、医药、冶金、建材等

工作范围：分析

所需仪器、药品和设备

序号	名称及说明	数量
1	ZWK-2001 微机硫、氯分析仪	1 台

一、微库仑分析仪的基本结构

微库仑分析仪有很多种，它们的基础结构都是包括样品转化装置、滴定池、微库仑放大器、进样系统和积分仪等几个部分。

1. 样品转化装置

微库仑分析仪主要用于测定原油和石油制品中的微量硫，以及进行有机物的元素分析。而石油及其他有机化合物中的硫、氯等元素不能直接与滴定剂反应，需要预先裂解，转化成能与滴定剂反应的物质。因此，在微库仑分析仪的部件中都有样品转化装置。转化的方法有氧化法和还原法。

(1) 氧化法

样品与 O_2 混合并燃烧，当 O_2 足够时，碳和氧转化为 CO_2 和 H_2O，硫转化为 SO_2 和 SO_3，氮转化为 NO_2，氯转化为 HCl，磷转化为 P_2O_5。这种转化在裂解管中进行。

裂解管通常用石英制成，能耐较高的温度，具有化学惰性。其形状和构造有多种，图 5-2 为 WKL-1 型微库仑分析仪的裂解管，样品进入裂解管与 N_2 充分混合并预热，在喷嘴 P 处与 O_2 混合并燃烧，燃烧后的产物经两块挡板除去灰尘和颗粒后进入电解池。

(2) 还原法

在过量 H_2 存在下，有机物通过加热的催化剂时被还原，碳、氢和氧转化为 CH_4 和 H_2O，硫转化为 H_2S，卤素转化为 HX，氮转化为 NH_3 和 HCN，磷转化为 PH_3。

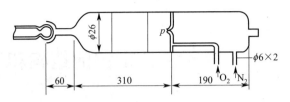

图 5-2 氧化法测硫、氯的裂解管（单位：mm）

常用的还原法裂解管见图 5-3。管内装有铂或镍催化剂，样品进入裂解管后与 H_2 混合并预热，通过催化剂后转化为 H_2S、HX、NH_3 等，H_2S 和 HX 对 NH_3 的测定有干扰，应在裂解管中填充 LiOH 以吸收 H_2S 和 HX。

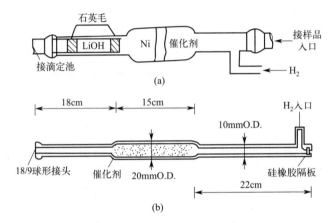

图 5-3 还原法测硫或氮的裂解管

2. 滴定池

滴定池（电解池）是微库仑分析仪的心脏，由裂解管出来的样品在滴定池中与滴定剂进行反应。常见滴定池的构造见图 5-4。

滴定池通常用无色玻璃制成，当电解液中有 I^- 或 Ag^+ 时，多用避光的茶色玻璃。

在滴定池底部有引入裂解气体的喷嘴，能使气体变成小气泡，再加上电磁搅拌器的作用，可使气体样品快速充分地被电解液吸收，与滴定剂反应。

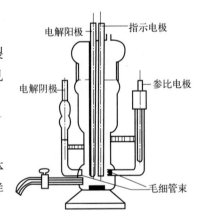

图 5-4 微库仑滴定池的结构示意图

在滴定池的顶部装有四支电极，其中指示电极对中的参比电极和工作电极对中的辅助电极放在池侧，通过多孔陶瓷或毛细管与池体相连，这样既可减小池体体积，又能避免电极间互相干扰。

3. 微库仑放大器

微库仑放大器是一个电压放大器，其放大倍数在数十倍至数千倍之间，可根据需要调节，它和滴定池构成一个闭环负反馈系统，控制电解液中电生滴定剂的浓度，使之处于恒定水平。

当滴定池处于平衡状态时，指示电极对的信号电压与外加偏压之差为零，放大器无信号输入，也无信号输出。当被测物质进入滴定池消耗了滴定剂后，指示电极对的信号电压与外加偏压之差不为零，放大器输入端便出现一个电压信号，经放大器放大后，输出的电压加到工作电极上产生滴定剂，补充被消耗的部分，直至滴定池中滴定剂浓度恢复至原来水平。这时信号电压又等于外加偏压，放大器无信号输出，电解停止，滴定到达终点。

4. 进样系统

液体样品一般用微量注射器进样。为提高分析结果的重复性，现在多用微型电机推动的电动进样器，以 $0.1\sim1.0\mu L/s$ 的速度将样品注入裂解管。

气体样品一般用压力注射器进样，也可用专门的六通阀进样。

固体样品或黏稠液体可用样品舟进样。称量好的样品放入样品舟中，在裂解管的预热区预热之后再用特制的推动杆推至高温燃烧区，燃烧后再用推动杆把小舟拉回来。

5. 积分仪

积分仪的作用是将测得的电流对时间积分，求出通过电解池的电量。

二、ZWK-2001 型硫氯分析仪的结构与工作原理

ZWK-2001 型硫氯分析仪是采用微库仑滴定技术原理，由库仑放大器、滴定池和合适的电解系统组成的一种"零平衡"闭环负反馈系统。其偏压数据的采集、裂解炉温度的控制由单片机执行，并以串行通信的方式与计算机相连，从而实现整个系统自动控制。仪器的工作原理如图 5-5 所示。

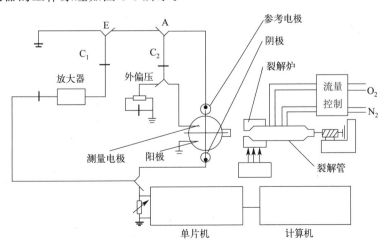

图 5-5　ZWK-2001 型硫氯分析仪工作原理图

整个分析系统由计算机、主机、温度流量控制器、搅拌器、进样器、滴定池、石英管等组成。

1. 主机

主机可进行数据信号采集、放大和温度测量控制等。

2. 温度流量控制器

温度流量控制器由一高温裂解炉及相应的控制电路和气体流量控制装置组成。

3. 搅拌器

样品的裂解产物被气流带入滴定池后,要保证其与电解液中滴定剂之间进行快速和充分反应,而这是通过磁力搅拌器来完成的。

4. 液体进样器

液体进样器由单片机控制步进电机来带动丝杆推动进样针的前进或后退。当进样(按前进键)完毕后,丝杆自动后退。通过调节两组拨盘开关来设定丝杆的行程和速度。进样行程和速度可根据具体要求进行设定。一般情况下,进程和速度分别设为3挡和8挡。

5. 气体进样器

对于气体样品,用气体进样器可实现样品的自动取样和手动进样,按以下步骤操作:

① 打开气体进样器的电源开关;
② 根据温度控制器的操作进行温度设定,一般温度设定为100℃左右,温控仪自动升温到设定温度,温度平衡后,方可进行下面的操作;
③ 以顺时针和逆时针方向反复转动平面六通阀几次,以确保阀门开、关灵活;
④ 把六通阀转动至取样位置,用样品气吹扫六通阀15s以上方可进样;
⑤ 把六通阀快速转至进样位置;
⑥ 需连续测量则重复④、⑤两个步骤,否则关闭样品气,结束测量。

6. 固体进样器

对于固体和高沸点的黏稠液体试样不适宜用注射器进样,可使用带样品进样舟的固体进样器进样。进样时先利用推动棒将样品送到裂解管预热部位,待30~60s后,再将进样舟推至加热部位让样品进行裂解,裂解产物由载气带入电解池进行滴定。然后将舟拖至裂解管入口附近冷却,30s后抽回到裂解管入口部位便可进行下次样品测定。

7. 裂解管

裂解管由石英制成，它的作用是将样品中的有机硫、氯和碳、氢各元素分别转变为能与电解液中滴定离子发生作用的 SO_2、HCl 和不与电解液发生反应的 CO_2、H_2O、CH_4 等化合物。测定轻油和重油中硫、氯的裂解管分别见图 5-6 和图 5-7。

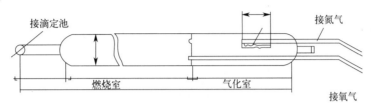

图 5-6　测定轻油中硫、氯的裂解管

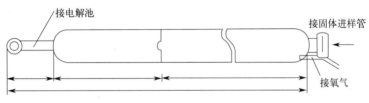

图 5-7　测定重油中硫、氯的裂解管

8. 滴定池

滴定池由池盖、池体、电极等组成（如图 5-8）。为了减少滴定池反应室体积，一般将参考电极和辅助电极装在侧臂，通过微孔毛细管与反应室相连。测量电极和发生电极装在池盖上。这样滴定池反应室内一般装入 10~12mL 电解液，即可满足实验需要并能达到较高的灵敏度和较快的响应速度。由燃烧管进来的气体通过滴定池的毛细管入口进入滴定池。因为滴定池入口顶端特殊的构造，可将进入的气体在搅拌作用下打碎成小气泡，搅拌子可使反应物质与滴定剂之间进行快速和充分接触，并形成一均匀的扩散层。

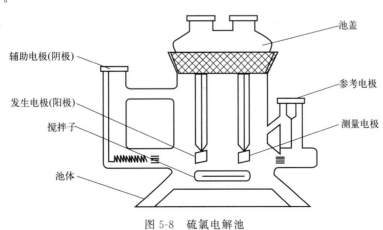

图 5-8　硫氯电解池

为了防止周围电场对滴定池形成的电干扰，搅拌器必须有良好的接地。特别是使用氯滴定池测定氯化物时，由于增益较高，更需注意防止静电干扰。此外，氯电解池对光反应灵敏，还应采取避光措施。

（1）硫电解池工作原理

当系统处于平衡状态时，滴定池中保持恒定 I_3^- 浓度，当有 SO_2 进入滴定池时，就与 I_3^- 发生反应：

$$I_3^- + SO_2 + H_2O \longrightarrow SO_3 + 2H^+ + 3I^-$$

电解池中的 I_3^- 浓度降低，测量电极对感受到这一变化，并将变化的信号输入微库仑放大器，然后由微库仑放大器输出一相应的电流加到电解电极对上。电解阳极电生出被 SO_2 所消耗的 I_3^-，直至恢复原来的 I_3^- 浓度：

$$3I^- \longrightarrow I_3^- + 2e^-$$

测出电解时所消耗的电量，据法拉第电解定律就可求得样品中总硫的含量。

（2）氯电解池工作原理

当系统处于平衡状态时，滴定池中保持恒定 Ag^+ 浓度，样品经裂解后，有机氯转化为氯离子，再由载气带入滴定池同银离子反应：

$$Ag^+ + Cl^- \longrightarrow AgCl$$

滴定池中银离子浓度降低，指示电极对即指示出这一信号的变化，并将这一变化的信号输入微库仑放大器，然后由微库仑放大器输出一相应的电流加到电解电极对上。电解阳极电生出被 Cl^- 所消耗的 Ag^+，直至恢复原来的 Ag^+ 浓度，测出电生 Ag^+ 时所消耗的电量，据法拉第电解定律就可求得样品中总氯的含量。

三、仪器的安装

1. 仪器安装电源要求

交流电压：220V±20V，频率：50Hz±0.5Hz，功率：4500W。

仪器安装应避免同大功率高频电子设备接在同一电源上。

仪器安装应有良好的接地线，其对地电阻应小于5Ω。

2. 仪器安装的环境要求

环境温度：0～40℃，相对湿度：≤85%。

周围无强烈振动、灰尘、强电磁干扰、腐蚀性气体。

3. 仪器安装的气源要求

反应气和载气使用普氧、普氮。

气路的联结管线应使用清洁、干燥的聚四氟乙烯管或不锈钢管。

4. 仪器安装的电气连接

将打印机、计算机等仪器依次整齐排放在干净的工作台上，接好地线、电源线、进出冷却水管。

注：裂解炉所需电源必须与仪器其它部分的工作电源分相使用。

将电极线、计算机串行口连接线及控温连接线对应的接口连接好，并用小螺丝刀固定拧紧。

将气路接好，整个外接气路部分均用外径为 3mm 的聚四氟乙烯管连接，便于拆卸，但聚四氟乙烯管要用丙酮清洗，用氮气吹干后使用。

注意：氧气和氮气的进出口不能弄错！

四、样品硫的分析

1. 准备工作

检查电源线、水管、气路连接是否正常，接通冷却水，依次打开主机、温度流量控制器、搅拌器、进样器和电源。

推荐按下列条件进行分析。

① 气化端：650℃；
② 燃烧端：850℃；
③ 稳定端：750℃；
④ 氧气：100~140mL/min；
⑤ 氮气：100~200mL/min；
⑥ 偏压：140~160mV；
⑦ 增益：100~400。

将洁净的石英管用硅橡胶垫堵住其进样口，放入裂解炉内，并用聚四氟乙烯管将石英管的各路进气管与温度流量控制器的对应输出口相连接。调节搅拌器的高度，使电解池毛细管入口对准石英管出口。设定"气化""燃烧""稳定"三端的温度分析分别为"650""850""750"，点击"升温"，按"确定"按钮，仪器自动升温。

2. 测量

待炉温、气量稳定后，连接电解池和石英管球磨接头，并用铜夹子夹紧。

在平衡挡，电解池的测量偏压应高于 140mV，否则要用新鲜电解液重新冲洗电解池。

将平衡挡转换至工作挡，在合适的参数条件下，待界面基线走平稳，输入标样浓度和进样体积。

标样测量：用 10μL 注射器吸取与分析样品硫含量相近的标样 8μL，然后回抽注射器柱塞，小心除去气泡使上弯月面对准 1μL 刻度处，记下注射器液体体积，以不大于 0.5μL/s 速度进样，进样完毕，抽回注射器柱塞使残留液体上弯月面仍然位于 1μL 处，记下残留液体积，两体积读数之差，即为注入样品量。

每次校准至少重复 3 次，通过调节偏压、增益以得到满意的对称峰形和转化率，并求出平均转化率。一般标样的回收率应在 80%~120%，若回收率低于 80%，应检查仪器操作参数及气量是否合适；重油标样回收率一般应在 70%以上。

标样分析结束后，使仪器进入样品分析状态，按"标样测量"法注入待测样品，出峰后仪器自动计算出测量结果——待测样品中的硫含量。

实验过程中应注意保持电解液液面高出电极 2~3mm，当过低时要及时添加电解液，每隔 3~4h 从参考臂放出几滴电解液，使电解池操作平衡。关机时将主机由工作挡转至平衡挡，然后电解池和石英管联结处，再分别断气、降炉温，关闭所有电器电源，最后再用新鲜电解液冲洗电解池。

五、样品氯的分析

1. 准备

检查电源线、水管、气路连接是否正常，接通冷却水，打开电源。
按下列条件进行分析。
① 气化端：700℃；
② 燃烧端：850℃；
③ 稳定端：750℃；
④ 氧气：80～100mL/min；
⑤ 氮气：140～180mL/min；
⑥ 偏压：250～270mV；
⑦ 增益：2400。

2. 测量

测量按"样品硫的分析"的测量步骤。

进度检查

操作题

进行仪器的操作，由教师检查是否正确。

编号 FJC-76-03

学习单元 5-3 有机相中硫含量的测定

学习目标：在完成了本单元学习之后，能够用氧化微库仑法测定有机物中硫的含量。
职业领域：化学、石油、环保、医药、冶金、建材等
工作范围：分析
所需仪器、药品和设备

序号	名称及说明	数量
1	ZWK-2001 型硫氯分析仪	1 台
2	铂片指示电极	1 支
3	铂丝参比电极	1 支
4	铂片工作电极	1 支
5	螺旋铂丝工作阴极	1 支
6	N_2 钢瓶（纯度 99.99%）	1 只
7	O_2 钢瓶（纯度 99.99%）	1 只
8	5mL 玻璃注射器	1 只
9	1μL 微量注射器	1 只
10	10μL 微量注射器	1 只
11	碘化钾（分析纯）	100g
12	冰乙酸（分析纯）	100mL
13	噻吩（纯度≥98%，$\rho=1.062g/mL$）	100g
14	正庚烷（分析纯，$\rho=0.6780g/mL$）	500mL

一、测定原理

样品用微量注射器直接注入裂解管内，气化后由载气（N_2）带入燃烧区，与氧气混合燃烧。样品中的硫燃烧生成 SO_2，由载气带入滴定池并与池中的滴定剂 I_3^- 反应，消耗的 I_3^- 由阳极上的氧化反应补充。根据电解消耗的电量，求出样品中的硫含量。

此法适用于含硫量（质量分数）为 $(0.1\sim3000)\times10^{-6}$ 的样品，含量高的可以稀释后进样。

由于样品中的硫氧化燃烧后除生成 SO_2 外，还生成 SO_3，而 SO_2 不能被 I_3^- 滴

定，因此样品中硫的转化率不是100%，需要用标准样品测定硫的回收率进行校正。

二、操作步骤

1. 准备工作

① 检查裂解炉、库仑仪、积分仪和电源等的连线是否接好。
② 用电解液冲洗电解池，并加满电解液，使液面高出电极4mm左右。
③ 接好气源，连接好各接头，打开气源，调节流速：O_2流速为100~140mL/min；N_2流速为100~200mL/min。
④ 调节裂解炉的温度：预热区温度为420℃，燃烧区的温度为730℃，出口区温度为630℃。
⑤ 打开微库仑计和电磁搅拌器电源，调节搅拌速度，使指示电位恒定在一个数值上。

2. 测定转化率

① 配制与样品中硫含量接近的标样溶液。
② 用微量注射器进标样测定硫的转化率。

3. 样品的测定

在与测定转化率相同的条件下，进样品测定硫含量。进样五针，取算术平均值为测定结果。

4. 电解液的配制

电解液的组成是：0.05% KI+0.04% CH_3COOH 溶液。
配制方法为：
① 用移液管吸取25mL冰乙酸放入250mL容量瓶中，用蒸馏水稀释至刻度，即是10%乙酸溶液。
② 称取0.5g KI放入1L棕色容量瓶中，加入少量的蒸馏水后，用移液管加入4mL 10%乙酸溶液，加蒸馏水稀释至刻度，摇匀，即为电解液，放在阴凉处备用。

5. 有机硫标准溶液的配制

用1mL注射器吸取噻吩在天平上称量，用差减法称取噻吩0.1850g放入预先装有80mL正庚烷的100mL容量瓶中，再用正庚烷稀释至刻度，得到含硫量为689.5ng/μL标准溶液。

三、注意事项

① 不经常使用的电解池，在测定前要经过长时间的空烧，使指示电极和工作电极都趋稳定，否则测定结果不稳定。

② 硫的回收率会因操作条件的影响而变动。为保证测定结果的准确可靠，应经常用标样进行校正。一般回收率应大于 80%。若测定值小于 80%，应检查操作条件是否正常。

③ 用此法测定有机物中硫含量时，样品中绝大部分氯转变为氯化氢，不干扰测定，只有少量氯转化为氯气和次氯酸而干扰测定。样品中的氮转变为氮氧化物，会干扰测定，所含的溴则会严重干扰，在电解液中加入 NaN_3 可有效地防止氯和氮的干扰，但不能防止溴的干扰。

进度检查

一、填空题

1. 样品中的硫经燃烧转化为_____和_____，由于_____不能被 I_3^- 滴定，所以样品中硫的转化率不是 100%，需要用_____测定_____进行校正。

2. 样品中绝大部分氯转变为_____不干扰测定，少量的氯转变为_____和_____干扰测定。可在电解液中加入_____防止氯的干扰。

二、操作题

实际用 ZWK-2001 型微硫氯分析仪测定有机物中硫的含量，由教师检查下列项目的操作是否正确：

1. 准备工作　　　　　　　　　　　是☐　否☐
2. 测定转化率　　　　　　　　　　是☐　否☐
3. 样品的测定　　　　　　　　　　是☐　否☐
4. 有机硫标准溶液的配制　　　　　是☐　否☐

编号 FJC-76-04

学习单元 5-4　微库仑法测定原油中盐的含量

学习目标：在完成本单元的学习之后，能够使用微库仑分析仪进行原油中盐含量的测定分析操作。

职业领域：化学、石油、环保、医药、冶金、建材等

工作范围：分析

所需仪器、药品和设备

序号	名称及说明	数量
1	ZWK-2001 型硫氯分析仪	1 台
2	银指示电极	1 支
3	玻璃参比电极	1 支
4	铂片工作电极	1 支
5	螺旋铂丝工作阴极	1 支
6	恒温水浴锅	1 台
7	N_2 钢瓶（纯度 99.99%）	1 只
8	O_2 钢瓶（纯度 99.99%）	1 只
9	磁力搅拌器	1 台
10	取样管	1 根
11	二甲苯	70mL
12	原油试样	40g
13	无水乙醇	25mL
14	异丙醇	25mL
15	丙酮	15mL
16	硝酸	5mL
17	乙酸铅试纸	
18	硝酸钡	
19	1mmol/L 氯化钠溶液	

一、测定原理

样品混合均匀后，称取一定量的试样，将其溶解在 65℃ 的二甲苯中，用乙醇、丙酮和水在指定的抽提装置中进行抽提，抽提液脱除硫化氢后，用电位滴定法测定其中的总卤化物含量，然后折合成氯化钠的含量。

二、操作步骤

1. 提取无机盐

① 将抽提装置和恒温水浴锅放置于通风橱内,并打开排风开关。准确称取 40g±0.1g 试样于 250mL 烧杯中。在恒温水浴中将试样和二甲苯均加热至 65℃±5℃。然后将 40mL±1mL 热二甲苯缓慢倒入试样烧杯中,并且不断搅拌使原油试样与二甲苯完全溶解。将该混合溶液经加料漏斗定量转移至抽提烧瓶,然后用 30mL 65℃ 左右的热二甲苯分两次洗涤烧杯和加料漏斗,并将其转移至抽提烧瓶中。

② 立即量取 25mL 无水乙醇(或异丙醇)和 15mL 丙酮清洗烧杯,并将溶液通过加料漏斗转移至抽提烧瓶。

③ 打开抽提装置的加热开关,全速加热至溶液开始沸腾,然后降低加热功率,使溶液适度沸腾,但要确保溶液不会冲出烧瓶,进入冷凝管。为防止溶液爆沸、玻璃瓶爆炸而产生危险,整个加热过程需将通风橱橱窗放下。

④ 将混合物剧烈煮沸 2min 后停止加热,待沸腾停止,立即加入 125mL 蒸馏水,重新进行加热,使溶液沸腾、回流 15min。

⑤ 关闭加热器,使混合物冷却分层 5~10min,放出下层溶液于 250mL 锥形瓶中,同时用定性滤纸过滤。

2. 脱除硫化氢

在通风橱内用移液管移取 50mL 抽提液至烧杯中,再加入 5mol/L 硝酸溶液 5mL,用表面皿盖住烧杯,在通风橱内加热烧杯,使烧杯中的溶液沸腾,用乙酸铅试纸检验蒸气中的硫化氢,待硫化氢脱除后(试纸不变色),再继续煮沸 5min。待溶液冷却后,转移至滴定池中,并用水清洗烧杯,同时,将清洗液也转移至滴定池中。

3. 盐含量的测定

① 准确移取 1mmol/L 氯化钠溶液 10mL 至滴定池中,加入适量丙酮,使溶液总体积达到约 150mL,再加入 0.5g 硝酸钡晶体。

② 将滴定池置于滴定仪的搅拌台上,开启搅拌器,搅拌使硝酸钡晶体溶解,并将溶液混合均匀。

③ 用 0.01mol/L 硝酸银溶液充满滴定管。将电极插入溶液中,滴管尖端低于液面约 25mm。

④ 使用自动电位滴定仪进行滴定。滴定结束后,仪器将显示 50mL 抽提液中氯离子所消耗的硝酸银标准溶液的体积。

4. 空白实验

用移液管移取 1mmol/L 氯化钠溶液 10mL 至滴定池中,再加入 50mL 水、5mol/L 硝酸溶液 5mL 和 0.5g 硝酸钡晶体,加入丙酮使溶液的总体积达到 150~170mL。搅拌使硝酸钡晶体溶解,然后滴定。

三、结果计算

盐含量测定结果以氯化钠的质量分数（w）计，数值以％表示，按下式计算

$$w = \frac{c(V-V_0) \times 58.44}{mP \times 10^3} \times 100$$

式中　c——硝酸银标准溶液的浓度，mol/L；

　　　V——滴定试样所消耗的硝酸银标准溶液的体积，mL；

　　　V_0——滴定空白试样所消耗的硝酸银标准溶液的体积，mL；

　　　m——试样的质量，g；

　　　P——抽提比，如果使用无水乙醇，则 $P=50/158$，如果使用异丙醇，则 $P=50/152$；

58.44——氯化钠的摩尔质量，g/mol。

进度检查

一、填空题

1. 脱除硫化氢时，用_____检验蒸气中的硫化氢。
2. 进行盐含量的测定时，需预先加入_____晶体，然后开启搅拌器混合均匀。

二、操作题

进行盐含量测定操作，由教师检查下列项目是否正确：

1. 提取无机盐的操作　　　　　　是☐　　否☐
2. 脱除硫化氢的操作　　　　　　是☐　　否☐
3. 盐含量测定操作　　　　　　　是☐　　否☐

素质拓展阅读

微库仑分析的技能考试内容及评分标准

一、考试内容

用微库仑元素分析仪测定有机物中硫的含量。

二、评分标准

1. 准备工作（15分）
2. 测定转化率（15分）
3. 样品的测定（30分）
4. 电解液的配制（15分）
5. 有机硫标准溶液的配制（20分）
6. 结束工作（5分）

> **素质拓展阅读**

中国科学家造出新型"高能电池"，晒晒太阳就"来电"

对于当今人类来说，能源几乎意味着一切，人们渴求能够高效利用又清洁环保的可再生能源。太阳是来源最广、受限制最少又非常清洁的能源，如何能将这种随处可得的天然能量应用到极致，成为解决未来能源紧缺的重要方向和当前能源研究的热点议题。

2018年，南开大学的陈永胜老师团队在这一领域有了最新的研究进展——他们制备了一种基于有机半导体材料的太阳能电池，其能量转化效率（把光能转化成电能的效率）达到了17.3%，放置166天后性能仅有轻微衰减（约4%）。它超越了目前同类有机太阳能电池效率的最高值（14%），创下了新的世界纪录！此外，这次的有机太阳能电池放置160多天还能保持着很好的性能，这在有机太阳能电池中也是不多见的。

为什么"有机半导体材料"能与电池碰撞在一起？这种材料做成的太阳能电池又和我们平常见的无机太阳能电池有什么区别？

太阳能虽好，无机材料却易老

太阳能电池大家都不陌生，但具体说到制造太阳能电池的材料，可能了解的人就不多了。目前，已经商品化的太阳能电池板大多由无机半导体材料制造，它具有原材料易获取（比如硅）、吸收光谱宽、能量转化效率高等优势。但无机半导体材料通常属于脆性材料，延展性差，几乎无法弯折，很多时候只能制造成硬邦邦的电池板放在空旷的地面或者屋顶；无机太阳能电池的制造过程中需要消耗大量的能量，这么多能耗需要这块电池工作数年的时间才能偿还。而且，电池板在长期的风吹日晒下性能有所衰减，其使用寿命往往也不过数年。因此就会出现一块儿电池板，制造它消耗的能量还不及它这一辈子所产出的能量，"得不偿失"！

以上这些因素都会制约无机太阳能电池板的大规模应用，因此也使科学家们必须不断去开发和寻找可替代的解决方案。

有机导电材料强势登场

在大多数人的印象中，塑料、橡胶这样的有机材料，都属于不能导电的绝缘体。但"凡事无绝对"，科学家们似乎总会带来一些超乎人们意料的发现。

和很多"不经意间的"发现类似，导电有机材料的诞生，最初也源自一个偶然——1967年，日本化学家白川英树团队的一位研究人员在合成聚乙炔的过程中，一不留神，加入了常规用量上千倍的催化剂，得到了一种银白色带金属光泽的聚乙炔（常规方法制得的聚乙炔是一种黑色粉末）。这一意外事件引起了 Alan Heeger 和 Alan MacDiarmid 二位科学家的注意，随后他们与白川英树合作，成功地开发出导电率堪比金属银的导电聚乙炔材料，并阐明了材料的导电机理。从那以后，人们便意识到，共轭的有机物是有潜力成为导电材料的。值得一提的是，因为这次偶然和他们多年的坚持不懈，他们三人共同获得了2000年诺贝尔化学奖。

当有机半导体邂逅太阳能

导电聚乙炔的发现,正式拉开了有机导体材料的研究篇章。随着人们对有机材料的持续研究,它的半导体性质也逐步为人们所认知,大量有机半导体材料涌现了出来。在1986年,美国柯达公司的邓青云博士利用有机半导体材料制备了一种太阳能电池器件,能量转化效率达到了1%,实现了有机太阳能电池从0到1的突破。

这种有机太阳能电池具备了很多无机太阳能电池不可比拟的优势和应用前景。

质轻且"柔软":单晶硅的密度大约是$2.3g/cm^3$,而大多数有机半导体材料的密度是比水小的(小于$1g/cm^3$)。此外,有机半导体材料的延展性要优于无机半导体材料。

制造工艺简单:有机太阳能电池通常采用溶液加工的办法形成有机薄膜。比起需要刻蚀、高温烧灼的无机硅电池相比,有机太阳能电池的制造工艺着实简单多了。

可制造柔性电池

利用有机半导体材料"软"的特性,人们可以像印刷报纸那样,把有机半导体材料的溶液打印到塑料基底上去,制造可以弯曲的柔性电池。

可弯曲的柔性太阳能电池

可制造半透明/透明电池

化学家们通过对材料的不断改进,研发出了半透明甚至几乎完全透明的有机太阳能电池。这样的电池可以让大部分可见光透过,专门吸收肉眼不可见的紫外线和红外线。正因为有这么多优势和诱人的"黑科技"存在,有机太阳能电池一直是近年来学术界和工业界的研究热点。

在科学家们的不断努力下,作为"潜力股"的有机太阳能电池也许真的能够晋级为清洁环保又高能的产品,在不久后的某天"步入寻常百姓家"。

模块 6　电导分析

编号 FJC-77-01

学习单元 6-1　电导分析的基本原理

学习目标：完成本单元的学习之后，能够初步掌握电导分析的基本原理和方法。
职业领域：化工、石油、环保、医药、冶金、食品等
工作范围：分析

溶液的电导率是物质重要的物理常数之一。测出溶液的电导率，可以求出弱电解质的电离度和电离常数，难溶盐的溶度积，环境监测和工厂工艺的自动化以及作为化合物纯度的判定依据等。

在电解质溶液中，由于阴、阳离子的迁移，电解质具有导电能力，其导电能力的大小常以电阻（R）或电导（G）表示，电导是电阻的倒数：

$$G=\frac{1}{R}$$

电阻、电导的单位分别是欧姆（Ω）、西门子（S），显然 $1S=1Ω^{-1}$。

温度一定时，一个均匀导体的电阻与其长度（l）成正比，而与其截面积（A）成反比。则

$$R=\rho\frac{l}{A}$$

式中，ρ 为电阻率，其值是长 1m、截面积为 $1m^2$ 的导体的电阻值。

根据电导与电阻的关系，可以求出：

$$G=\frac{1}{R}=\frac{A}{\rho l}=\kappa\frac{A}{l}$$

式中，κ 为 $\frac{1}{\rho}$，称为电导率，其值是长 1m、截面积为 $1m^2$ 导体的电导。对于电解质溶液来说，是两极间距离为 1m、电极面积为 $1m^2$ 时溶液的电导，单位为 S/m。

测定电导率的方法是用两个电极插入溶液，测出两极间的电阻 R。电导池是用来测量溶液电导（电阻）的专用设备，是由两个电极组成的。对于一个电导池来说，电极面积 A 与间距 l 都是固定不变的，因此 $\frac{l}{A}$ 为常数，称为电导池常数，以 θ 表示。则

$$\kappa=\frac{\theta}{R}$$

由于电极的截面积和距离不能精确测量，电导池常数的测量通常采用测定已知电

导率溶液（常用 KCl 溶液）的电阻，再求得电导池常数。一些标准 KCl 溶液的电导率已有精确的测定文献数值，现列于表 6-1。

表 6-1 标准 KCl 溶液在不同温度下的电导率　　　　　　单位：S/m

c/(mol/L)	0℃	5℃	10℃	18℃	20℃	22℃	25℃
1	6.543	7.414	8.319	9.822	10.20	10.59	11.18
0.1	0.7154	0.8220	0.9330	1.119	1.167	1.215	1.288
0.01	0.07751	0.0896	0.1020	0.1225	0.1278	0.1332	0.1413

电导电极一般由两片固定在玻璃上的铂片组成，可分为镀铂黑和光亮两种。若被测溶液的电导率很小，应选用光亮的铂电极；若被测溶液的电导率较大，应选用铂黑电极。市售的电导电极都标注着电导池常数。电导率只考虑了溶液体积对溶液电导能力的影响，而没有考虑溶液中电解质的含量大小对溶液导电能力的贡献。因此，人们在研究电解质溶液的导电能力时，引入了摩尔电导率这一概念。摩尔电导率（Λ_m）是指把含有 1mol 电解质的溶液，置于相距为 1m 的两个平行电极之间所具有的电导。即

$$\Lambda_m = \frac{\kappa}{c}$$

式中，κ 和 c 的单位分别为 S/m 和 mol/m^3，而实验室中 c 的单位为 mol/L，则上式改写为：

$$\Lambda_m = \frac{1000\kappa}{c}$$

摩尔电导率的引入很重要。无论是比较不同电解质溶液在同一浓度的电导能力，还是同一电解质在不同浓度时的电导能力，参加比较的溶液都含有 1mol 电解质的量，这个数值是固定的。使用摩尔电导率时应标明浓度为 c 的物质的基本单元，如 $\Lambda_m\left(\frac{1}{2}CuSO_4\right)$。基本单元可以是分子、原子、离子、电子及其他离子，或是这些离子的特定组合。

当电解质溶液的浓度极稀时，离子间的相互作用可以忽略不计，此时电解质的摩尔电导率称为无限稀释摩尔电导率或极限摩尔电导率，用 Λ_m^∞ 表示。Λ_m^∞ 在一定温度下是固定值，反映了离子间没有相互作用时各种电解质的导电能力。

进度检查

一、填空题

1. 电导电极可分为＿＿＿＿和＿＿＿两种。若被测溶液的电导率很小，应选用＿＿＿；若被测溶液的电导率较大，应选用＿＿＿＿。

2. 摩尔电导率是指＿＿＿＿＿＿＿＿＿＿＿＿＿＿＿＿＿＿＿＿＿＿＿＿＿＿。

二、计算题

电导池两个平行电极的面积均为 1.31cm^2，两电极间的距离为 3.85cm，在注满电解质溶液后，测得电阻为 16.72Ω，求电导池常数及该电解质溶液的电导率。

编号 FJC-77-02

学习单元 6-2　电导率仪的操作

学习目标：在完成本单元的学习之后，能够熟悉 DDS-307、DDSJ-308A 型电导率仪结构和工作原理，进行样品测定的分析操作。

职业领域：化工、石油、环保、医药、冶金、建材等

工作范围：分析

所需仪器、药品和设备

序号	名称及说明	数量
1	DDS-307 型电导率仪	1 台
2	DDSJ-308A 型电导率仪	1 台

电导率仪是测定溶液电导的装置。通常由电导池（包括电导电极和溶液）、测量电源、测量电路、放大器、线性检波器（包括温度补偿器）和直流电源等部分组成。

一、DDS-307 型电导率仪

1. DDS-307 型电导率仪的结构

DDS-307 型电导率仪的结构如图 6-1 所示。

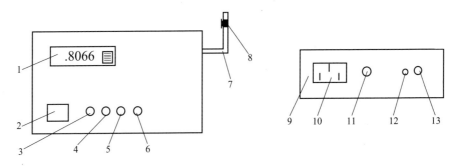

图 6-1　DDS-307 型电导率仪外观及各调节器

1—显示屏；2—电源开关；3—温度补偿；4—常数选择；5—校正；6—量程；7—电极支架；8—固定圈；9—后面板；10—三芯电源插座；11—保险丝管座；12—输出插口；13—电极插座

2. DDS-307 型电导率仪的测定原理

在图 6-2 中，电阻分压回路由电导池 R_X 和测量电阻箱 R_m 串联组成，电阻分压

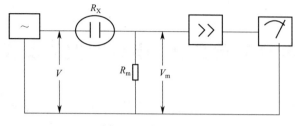

图 6-2 测量原理图

回路两端有一个稳定的标准电压 V，产生测量电流 I_X。根据欧姆定律，可得到

$$I_X = \frac{V}{R_X + R_m} = \frac{V_m}{R_m}$$

所以

$$V_m = \frac{VR_m}{R_X + R_m} = \frac{VR_m}{R_m + \frac{\theta}{\kappa}}$$

由上式可见，当 V、R_m、θ 均为常数时，电导率 κ 的变化必将引起 V_m 作相应的变化，所以测量 V_m 的大小，也就测得溶液电导率的数值。

3. DDS-307 型电导率仪的操作

(1) 电导率仪的安装

① 将电源插座插入仪器插座，然后将电导电极插入电极插座。
② 用蒸馏水清洗电导电极（不能触碰黑色的铂黑部分）。
③ 开机，预热 30min 后，进行校准。

(2) 电导率仪的校准

① "选择"开关指向"检查"。
② "常数"补偿调节旋钮指向"1"。
③ "温度"补偿调节旋钮指向"25"。
④ 调节"校准"调节旋钮，使仪器显示 $100.0\mu S/cm$。

(3) 测量

① 电导电极的选用。在电导率仪的使用过程中，应根据待测溶液的电导率范围，正确选择合适的电导电极。表 6-2 列出了不同测量范围推荐使用的电导常数的电极。

表 6-2 电导率范围与对应电导常数推荐表

电导率范围/($\mu S/cm$)	推荐使用电导常数/cm^{-1}
0～2	0.01, 0.1
2～200	0.1, 1.0
200～2000	1.0
2000～20000	1.0, 10
20000～200000	10

② 电导电极常数的设置：电导电极出厂时，每支电极都标有一定的电极常数值，使用时需要将其输入仪器内。

a. "选择"开关指向"检查"。

b. "温度"补偿调节旋钮指向"25"。

c. 调节"校准"调节旋钮，使仪器显示 100.0μS/cm。

d. 调节"常数"补偿调节旋钮使仪器显示值与电极所标数值一致。

③ 温度补偿的设置。调节"温度"补偿调节旋钮，使其指向待测溶液的实际温度值。此时测量得到的将是待测溶液经过温度补偿后折算为 25℃ 的电导率值；如果将"温度"补偿调节旋钮指向"25"，那么测量的将是待测溶液在该温度下未经补偿的原始电导率值。

④ 测量

a. 常数、温度补偿设置完毕。

b. 将"选择"开关置于适当量程。

c. 当测量过程中，显示值熄灭时，说明测量超出量程范围，应切换"开关"至上一挡量程。

d. 测量数值＝显示读数×电极常数。

如：当电极常数为 0.1 时，如显示读数为 102.5μS/cm，则实际测量值为 10.25μS/cm。

⑤ 进行电导率仪操作时应注意以下几点：

a. 测量前，电导电极应用蒸馏水冲洗三次，然后用待测溶液冲洗三次后再放入待测溶液中进行测量。

b. 在测量高纯水时应避免污染，需在密封、流动状态下测量。

二、DDSJ-308A 型电导率仪

DDSJ-308A 型实验室电导率仪是采用单片微处理器技术设计的仪器，具有精确测量水溶液的电导率、纯水电阻率、总溶解固体量（TDS）、盐度（以 NaCl 为标准）和温度的功能。

1. 仪器结构

DDSJ-308A 型电导率仪结构如图 6-3。

2. 各调节器说明

"测量转换"：按此键可选择测量电导率、TDS、盐度，液晶显示器显示测量状态；

"储存"：按此键可储存当前测量值和当前时间（年、月、日、时、分）；

"打印"：按此键可打印当前测量值和当前时间（年、月、日、时、分）；

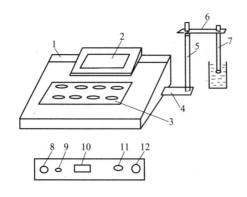

图 6-3　DDSJ-308A 型电导率仪

1—机箱；2—显示屏；3—键盘；4—电极插座；5—电极梗；6—电极夹；7—电极；
8—测量电极插座；9—温度电极插座；10—打印接口；11—电源开关；12—电源插座

"模式"：按此键可进入模式状态，共有电极常数、温度系数、转换系数、数据查询、数据打印、时钟调整六种状态；

"▲""▼"：按此二键可选择模式状态或增加、减小设置的参数值；

"确定"：按此键可进入相应的模式状态或确定保存设置的参数值并退出；

"取消"：按此键可取消参数设置并退出。

3. 仪器的操作测量

① 按"测量转换"键可切换电导率、TDS、盐度三种测量模式，液晶显示器左上角会提示当前的测量模式。若温度电极不接入仪器，则温度显示为 25.0℃ 或 18.0℃（盐度测量状态）。

② 设置或标定电极常数。按"模式"键，再按"▲"或"▼"键选中"电极常数"，按"确定"键，仪器显示"电极常数设定"和"电极常数标定"，若设置电极常数，则按"▲"或"▼"键选中"电极常数设定"，按"确定"键，再按"▲"或"▼"键设定到所用电极的电极常数值；若标定电极常数，则按"▲"或"▼"键选中"电极常数标定"，按"确定"键，然后按"▲"或"▼"键选择标定电极用的校准溶液，共有近似 0.001mol/L、0.01mol/L、0.1mol/L 和 1mol/L 的四种 KCl 溶液可选，选中后按"确定"键，然后按"▲"或"▼"键输入当时温度下校准溶液的标准电导率值，按"确定"键，仪器显示实际测量值，待数据稳定后按"确定"键完成电极常数的标定。（注：设置参数时，连续按住"▲"或"▼"键一段时间后数字变化速度会提高。按"取消"键则退出设置。以下同。）

③ 设置温度系数。按"模式"键，再按"▲"或"▼"键选中"温度系数"，按"确定"键，再按"▲"或"▼"键调节被测溶液的温度系数，从 0.0%/℃ 到 10.0%/℃ 可调。一般水溶液取 2.0%/℃。

④ 设置或标定 TDS 转换系数。按"模式"键，再按"▲"或"▼"键选中"转

换系数",按"确定"键,仪器显示"转换系数设定"和"转换系数标定",若设置转换系数,则按"▲"或"▼"键选中"转换系数设定",按"确定"键,再按"▲"或"▼"键设定被测溶液的 TDS 与电导率之间的转换系数值,从 0.20 到 1.00 可调(一般取 0.50);若标定转换系数,则仪器显示当前被测溶液的电导率值,待数据稳定后按"确定"键,然后按"▲"或"▼"键输入 TDS 值(已知 TDS 值的标定液),按"确定"键完成转换系数的标定。

⑤ 历史数据的查询和删除。按"模式"键,再按"▲"或"▼"键选中"数据查询",按"确定"键,仪器逐个显示已储存的全部数据,同时显示"下一个"和"删除",若要继续查询,则按"▲"或"▼"键选中"下一个",按"确定"键(按一次"确定"键查一个数据);若要删除此数据,则按"▲"或"▼"键选中"删除",按"确定"键。

4. 注意事项

测量纯水时,应使用流通池使纯水密封流动。

被测溶液电导率大于 $1000\mu S/cm$ 时,应使用铂黑电极测量。若用光亮电极测量会加大测量误差。

进度检查

一、填空

1. 使用 DDS-307 型电导率仪测量前,电导电极应用_____冲洗_____次,然后用_____冲洗三次后再放入待测溶液中进行测量。

2. 在使用 DDS-307 型电导率仪测量高纯水时应避免污染,需在_____、_____状态下测量。

3. 使用 DDS-307 型电导率仪校正时,选择开关应置于_____挡。

二、判断(正确的在括号内打"√",错误的打"×")

1. 每次测量之前,电极用蒸馏水润洗后就可直接使用。 ( )
2. 测量时,不一定都要把温度校正调到 25℃。 ( )
3. 测量数值等于电导率仪的显示读数和电极常数的乘积。 ( )

三、操作题

实际进行 DDS-307 型电导率仪下列操作,由教师检查是否正确:

1. 准备工作 是□ 否□
2. 测量工作 是□ 否□

编号 FJC-77-03

学习单元 6-3　水质纯度的测定

学习目标：完成本单元的学习之后，了解电导率的含义，掌握电导率测定水质的意义，能够使用电导率仪测定水质纯度。

职业领域：化工、石油、环保、医药、冶金等

工作范围：分析

所需仪器、药品和设备

序号	名称及说明	序号	名称及说明
1	DDS-307 型电导率仪	5	去离子水
2	100mL 烧杯	6	蒸馏水
3	100mL 容量瓶	7	自来水
4	酒精温度计 0～100℃	8	氯化钾标准溶液

一、实验原理

电导率是以数字表示溶液传导电流的能力的物理量。纯水的电导率很小，当水中含有无机酸、碱、盐或有机带电胶体时，电导率就增加。电导率常用于间接推测水中带电荷物质的总浓度，水溶液的电导率取决于带电荷物质的性质和浓度、溶液的温度和黏度等。

电导率的标准单位为 S/m，一般实际使用单位为 μS/cm。

水质纯度的一项重要指标是其电导率的大小。电导率越小，即水中离子总量越小，水质纯度就越高；反之，电导率越大，离子总量越大，水质纯度就越低。新蒸馏水的电导率为 0.5～2μS/cm，存放一段时间后，由于空气中的二氧化碳或氨的融入，电导率可上升至 3～5μS/cm；而去离子水为 10μS/cm；饮用水的电导率为 50～1500μS/cm。电导率随温度变化而变化，温度每升高 1℃，电导率增加约 2%，通常规定 25℃为测定电导率的标准温度。

二、测定步骤

1. 配制氯化钾标准溶液

准确称取 0.7456g 在 110℃烘干后的优级纯氯化钾，溶于新煮沸冷却的蒸馏水中（电导率小于 1μS/cm），于 25℃时在容量瓶中稀释至 1000mL。此溶液 25℃时的电导

率为 $1413\mu S/cm$。溶液应贮存于塑料瓶中。

2. 测定电导池常数

① 仔细阅读电导率仪的使用说明书，掌握电导率仪和电导电极的使用。

② 将电导率仪接上电源，开机预热。装上电导电极，用蒸馏水冲洗几次，并用滤纸吸去水珠。

③ 将氯化钾标准溶液装入 4 只小烧杯，将这些烧杯同时放入 25℃±1℃ 恒温水浴中，加热 30min，使烧杯中的溶液温度达到 25℃。

④ 用 3 只烧杯中氯化钾标准溶液清洗电导电极和电导池，随后将第 4 只烧杯中氯化钾标准溶液倒入电导池中，插入电导电极，启动测量开关，测量氯化钾标准溶液的电导。由测量结果确定电导池常数。

3. 水样电导率的测量

① 分别取去离子水、蒸馏水、自来水装入 6 只小烧杯中，每种水样装入两只小烧杯，同时放入 25℃±1℃ 恒温水浴中，加热 30min，使烧杯中的溶液温度达到 25℃。

② 用去离子水、蒸馏水、自来水依次清洗电导电极，逐一进行测量。

三、结果处理

① 计算出所使用的电导电极的电导池常数。
② 计算出测定水样的电导率和电阻率。

进度检查

一、填空题

1. 电导率的标准单位为_____，一般实际使用单位为_____。

2. 新蒸馏水的电导率为_____$\mu S/cm$，存放一段时间后，由于空气中的二氧化碳或氨的融入，电导率可上升至_____$\mu S/cm$；而去离子水为_____$\mu S/cm$；饮用水的电导率为_____$\mu S/cm$。

二、问答题

1. 电导池常数怎样计算？
2. 电导率与温度有什么关系？

编号 FJC-77-04

学习单元 6-4 蔗糖中灰分的测定

学习目标：在完成本单元的学习之后，能够使用 DDS-307、DDSJ-308A 型电导率仪进行蔗糖中灰分的测定分析操作。

职业领域：化工、石油、环保、医药、冶金等

工作范围：分析

所需仪器、药品和设备

序号	名称及说明	序号	名称及说明
1	DDS-307 型电导率仪	5	电子天平
2	100mL 烧杯	6	白砂糖
3	100mL 容量瓶	7	纯水
4	酒精温度计 0～100℃		

一、实验原理

糖厂制品中的灰分主要为 K、Na、Mg、Al 等的化合物。各种成分含量因原料情况不同和清洗方法不同而各有差异。

纯水和纯糖水几乎不导电，糖液导体主要是溶于糖液的电解质，即灰分。在接近中性的溶液中，电导率只与溶液中的离子型非糖物的数量有关。糖液中的电解质物质（即灰分）含量与电导率成正比。所以测定糖液的电导率可以近似反映出蔗糖的灰分。

二、测定步骤

① 称量。称取样品 31.3g±0.1g 于干净烧杯中。

② 溶解。加水约 50mL，在不加热情况下用玻璃棒搅拌，使其完全溶解，移入 100mL 容量瓶中。

③ 定容。用少量溶糖用水冲洗烧杯及玻璃棒 3 次，每次洗水均移入容量瓶内，加水至标线，旋紧瓶塞，并摇动使糖液混合均匀。

④ 测量。将溶液移入 100mL 烧杯内（倒入前需用糖液将烧杯及电极冲洗 3 次），将电导电极插入烧杯内，记录电导率。

⑤ 温度测量。用酒精温度计测定糖液的温度。

⑥ 空白实验。溶糖用水的电导率应实测，测定方法同糖液。

三、结果计算

白砂糖样品灰分按下式计算：
$$X = 6 \times 10^{-4}(K_1 - 0.35K_2)$$

式中　　X——白砂糖中灰分含量；

　　　　K_1——31.3g/100mL 糖液在 20℃时的电导率，μS/cm；

　　　　K_2——溶糖用水在 20℃时的电导率，μS/cm；

　　6×10^{-4}——电导灰分常数。

四、注意事项

① 温度校正。测定电导率时的溶液或溶糖用水的温度应尽量接近 20℃。若不在 20℃，应按下式进行校正。

$$K_1 = \frac{K_{1t}}{1 + 0.026(t-20)}$$

式中　K_1——31.3g/100mL 糖液在 20℃时的电导率，μS/cm；

　　　K_{1t}——31.3g/100mL 糖液在 t℃时的电导率，μS/cm；

　　　t——糖液的温度值；

　　0.026——糖液温度每差±1℃时电导率的校正值。

$$K_2 = \frac{K_{2t}}{1 + 0.022(t-20)}$$

式中　K_2——溶糖用水在 20℃时的电导率，μS/cm；

　　　K_{2t}——溶糖用水在 t℃时的电导率，μS/cm；

　　　t——溶糖用水的温度值；

　　0.022——溶糖用水温度每差±1℃时电导率的校正值。

② 测定蒸馏水或白砂糖溶液时，不使用铂黑电极，因为在极稀的溶液中铂黑电解层有强烈的吸附作用。

③ 精制白砂糖、优级白砂糖必须用电导率低于 2μS/cm 的重蒸馏水或去离子水。对于一级或一级以下白砂糖允许用电导率低于 15μS/cm 的蒸馏水。

进度检查

一、填空题

1. 测定白砂糖溶液时，应使用_____电极，以避免_____。
2. 糖液中导电的主要是_____。
3. 测定时溶液的温度应尽量接近_____℃。

二、判断题（正确的在括号内打"√"，错误的打"×"）

1. 测量时不需要温度校正。　　　　　　　　　　　　　　　　　　　（　　）
2. 配制溶液时必须使用重蒸馏水。　　　　　　　　　　　　　　　　（　　）

三、计算题

用 DDS-307 型电导率仪测定白砂糖的灰分，糖液的电导率为 $129\mu S/cm$，溶糖用水的电导率为 $3.6\mu S/cm$，溶液温度均为 25℃，求白砂糖的灰分。

四、操作题

试剂进行蔗糖灰分的测定操作，由教师检查以下项目是否正确：

1. 溶糖用水的电导率测定　　　　　　　　　　　　　　是□　否□
2. 蔗糖样液的电导率测定　　　　　　　　　　　　　　是□　否□

学习单元 6-5 电导率仪的维护保养和常见故障的排除

编号 FJC-77-05

学习目标：在完成本单元的学习之后，能够维护和保养 DDS-307、DDSJ308A 型电导率仪，排除简单的故障。

职业领域：化工、石油、环保、医药、冶金、建材等

工作范围：分析

所需仪器、药品和设备

序号	名称及说明	数量
1	DDS-307 型电导率仪	1 台
2	DDSJ-308A 型电导率仪	1 台

一、DDS-307 型电导率仪

1. 维护保养

① 光亮的铂电极，必须贮存在干燥的地方；镀铂黑的铂电极不允许干放，必须贮存在蒸馏水中。

② 电极应定期进行常数标定。

③ 电极插头座绝对防止受潮，以免造成不必要的测量误差。

④ 装被测溶液的容器必须清洁、无离子沾污。

2. 常见故障排除

常见故障及其原因和排除方法见表 6-3。

表 6-3 常见故障及其原因和排除方法

常见故障	可能原因	排除方法
显示屏不亮	电源插头坏，电源线断线	更换插头，检查断线
测量时，读数不准确	仪器在使用前未校正； 电极未完全插入溶液； 电导率超过 1000μS/cm，仍使用光亮电极	校正后再进行测量； 电极完全插入溶液； 换用铂黑电极

二、DDS-307 型电导率仪的维护

① 电极的连接须可靠，防止腐蚀性气体侵入。

② 开机前，须检查电源是否接妥。
③ 接通电源后，若显示屏不亮，应检查电源器是否有电输出。
④ 对于高纯水，须在密闭流动状态下测量，且水流方向应对着电极，流速不宜太高。
⑤ 如仪器显示"溢出"，则说明所测值已超出仪器的测量范围，此时应马上关机，并换用电极常数更大的电极，然后再进行测量。
⑥ 电导率超过 3000μS/cm 时，为保证测量精度，最好使用 DJS-1C 型铂黑电极进行测量。

进度检查

一、填空题

1. 光亮铂电极，应储存在_____的地方，铂黑电极应储存在_____。
2. 电导率超过 1000μS/cm，应使用_____电极。
3. 仪器显示"_____"，则说明所测值已超出仪器的测量范围，此时应_____，并换用_____，然后再进行测量。
4. 电导率超过_____μS/cm 时，为保证测量精度，最好使用_____进行测量。

二、判断题（正确的在括号内打"√"，错误的打"×"）

1. 测量时，电极应完全插入溶液。（　　）
2. 为了保持电极的活性，必须把它浸泡在氯化钾溶液中。（　　）
3. 仪器显示"溢出"，则说明所测值已超出仪器的测量范围，此时应马上换用电极常数更大的电极，然后再进行测量。（　　）

素质拓展阅读

电导分析的测定技能考试内容及评分标准

一、考试内容

1. 电导率仪的测定操作步骤
（1）安装
（2）校准
（3）测量
① 电导电极的选用
② 电导电极常数的设置
③ 温度补偿的设置
④ 测量

2. 结果处理

二、评分标准

1. 操作步骤（80分）

（1）安装仪器（10分）

（2）校准（10分）

（3）选择电导电极（10分）

选择错误扣10分。

（4）电导电极常数的设置（10分）

（5）温度补偿的设置（10分）

（6）量程的选择（10分）

（7）测定（20分）

每错一处扣5分。

2. 结果处理（20分）

素质拓展阅读

首个真正可变形的锂电池来了！中国科学家里程碑突破

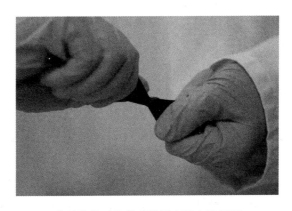

世界首款可拉伸薄膜锂离子电池原型

2019年10月，著名材料科学期刊《先进材料》（Advanced Materials）刊登了一项具有里程碑意义的研究成果。经过多年来持续不断的研究，一个来自瑞士苏黎世联邦理工学院（ETH Zurich）的研究团队，终于把锂离子电池内部所有的组成结构都换成了可以弯折、扭曲的新材料，制造出了世界上第一块可以"任意"弯曲、拉伸的锂离子电池。

可拉伸锂离子电池的主要发明人——苏黎世联邦理工学院陈曦博士表示，有关可折叠电池的研发甚至已经超越了应用于手机的范畴，对于使用折叠显示屏的计算机、智能手表和平板电脑等电子产品，可折叠电池都将有很大的价值。

一块锂离子电池的结构，可以被理解成是一个"三明治"，夹在中间的是负责传递锂离子的电解质/隔膜，而位于上下两端的是负载正负极材料、收集和传导电流的集流体。目前主流商业锂离子电池的电解质，是易燃易爆的有机溶剂和锂盐组成的溶液，是一种液体。这种电解质性能极佳，但一旦气密性不好，会导致电池遭空气中的氧气或者水分侵入，可能发生危险的副反应，导致电池鼓包、自燃，甚至产生剧毒的氢氟酸（HF）。因此，主流的商用电池必须用钢制或者铝制的坚硬外壳紧密包裹，防止电解液与外界的接触。而另一方面，用于发生电化学反应的正负极，是由粉状的电极材料沉积在铜箔和铝箔，也就是集流体上面制成的。顾名思义，所谓的集流体就是电池里存放电极材料、汇集和传导电流的部件。

在常规锂离子电池里，正负极薄膜与隔膜紧密贴合、卷绕，难以弯折。即使使用单层电极制成薄膜电池，由金属材料制成的集流体一旦弯折，就会导致电极粉末的脱落，而尖锐的褶皱也会破坏电池结构，甚至刺穿正负极之间的隔膜，影响电池性能，甚至导致电池自爆。

因此，要想实现电池的可折叠，依赖现有的材料是不可能的。

一直以来，为电池里所有的部件都找到可以相互适配的可形变材料，一直是电池研究领域的科学家们孜孜以求的课题。陈曦的最终方案，是一种同样按照"三明治"结构制成的可折叠的固态锂离子电池。

所谓的固态锂离子电池，指的是电池中用来传递锂离子的电解质是一种固体。陈曦所在的研究团队选用的电解质，则是一种介于液体和固体之间的特殊物质——水凝胶。

水凝胶是一种亲水的三维高分子网络结构凝胶。一方面，它具有类似于橡胶的性质，拥有大量的交联的有机高分子链，链与链之间往往由共价键、氢键或是静电作用力相互交联。陈曦他们选用的这种水凝胶，通过作用力最强的共价键交联，在受到拉伸时，尽管每一个高分子链都会被拉长，但分子链之间却由于强力的共价键的存在，而不会出现相对滑移。拉力消失时，高分子链收缩，物体又会恢复本来的形状。如果没有这种共价键的作用，拉伸的过程中，链与链之间的滑移就会最终导致材料断裂，无法复原。

而在另一方面，亲水的性质让水凝胶可以携带大量的水分。研究人员就把比例适当的高水溶性锂盐溶解进了水凝胶的这些水分之中。它不会与空气中的水和氧气发生反应，也不会产生氢氟酸。这意味着，由这种电解质制成的电池不仅在使用的过程中不可燃、无毒，还可以直接在空气中进行组装。再加上水凝胶出色的弹性力学性能，他们便研制出了一种可以很容易拉伸、扭曲，还十分安全的新型电解质。

有了电解质，还需要解决用来存放正负极材料的集流体。通过不断的试验，研究人员设计出了一种由四种材料复合而成的特殊结构，同时实现了上面这两个目标。

第一种材料，是一层由有弹性的聚合物制成的薄膜，作为集流体的基底；第二和第三种材料，是分散在基底里面的碳纳米管和炭黑颗粒。这些可以导电的填充物，让基底拥有一定的导电性。而彻底解决导电性问题，最关键的是第四种材料——沉积在基底表面的一层银胶。

从微观上来看，这种结构里的金属银是一堆层层叠叠在一起的六角形的二维片状结构。它们有的固定在基底上，有的则像瓦片一样搭在别的银片上，集合在一起就形成了一个良好的电子通路。当集流体被拉伸时，银片之间会发生相对的滑移，但依然可以保证这一片的"手脚"还能继续搭在另一片的"身体"上，让电流的通过不受影响。即便在少数的局部地方，银片之间出现了完全的脱离，分散在基底里的碳纳米管和炭黑颗粒也能起到传导电流的作用。研究人员发现，即便拉伸到一倍长度，这种集流体的单位表面导电性也仅有少量降低，表现非常优异。

他们用喷涂沉积的方法，把正负极材料和集流体结合了起来，又用了一种类似于相框的结构，把集流体和电解质封装在了一起，便制成了可折叠电池的成品。

经过测试，整个电池在被拉伸 50%（即便手机被掰弯，电池也很难拉伸这么多）、充放电循环 50 次之后，仍然拥有 $28(mA·h)/g$ 的可重复使用电量和 $20(W·h)/kg$（$1W=1J/s$）的能量密度，表明了其在极限机械压力下仍然拥有可靠的可重复充放电性能。

对于电子产品设计者来说，这意味着除了屏幕和电路，电池也能跟着一起弯！而这将很有可能催生出一系列全新的电子产品。

附录　氧化还原电对的标准电极电势（18~25℃）

半反应	$E^{\ominus}/V$
$Li^+ + e^- \rightleftharpoons Li$	-3.045
$K^+ + e^- \rightleftharpoons K$	-2.924
$Ba^{2+} + 2e^- \rightleftharpoons Ba$	-2.90
$Sr^{2+} + 2e^- \rightleftharpoons Sr$	-2.89
$Ca^{2+} + 2e^- \rightleftharpoons Ca$	-2.76
$Na^+ + e^- \rightleftharpoons Na$	-2.711
$Mg^{2+} + 2e^- \rightleftharpoons Mg$	-2.375
$Al^{3+} + 3e^- \rightleftharpoons Al$	-1.706
$ZnO_2^{2-} + 2H_2O + 2e^- \rightleftharpoons Zn + 4OH^-$	-1.216
$Mn^{2+} + 2e^- \rightleftharpoons Mn$	-1.18
$Sn(OH)_6^{2-} + 2e^- \rightleftharpoons HSnO_2^- + 3OH^- + H_2O$	-0.96
$SO_4^{2-} + H_2O + 2e^- \rightleftharpoons SO_3^{2-} + 2OH^-$	-0.92
$TiO_2 + 4H^+ + 4e^- \rightleftharpoons Ti + 2H_2O$	-0.89
$2H_2O + 2e^- \rightleftharpoons H_2 + 2OH^-$	-0.828
$HSnO_2^- + H_2O + 2e^- \rightleftharpoons Sn + 3OH^-$	-0.79
$Zn^{2+} + 2e^- \rightleftharpoons Zn$	-0.763
$Cr^{3+} + 3e^- \rightleftharpoons Cr$	-0.74
$AsO_4^{3-} + 2H_2O + 2e^- \rightleftharpoons AsO_2^- + 4OH^-$	-0.71
$S + 2e^- \rightleftharpoons S^{2-}$	-0.508
$2CO_2 + 2H^+ + 2e^- \rightleftharpoons H_2C_2O_4$	-0.49
$Cr^{3+} + e^- \rightleftharpoons Cr^{2+}$	-0.41
$Fe^{2+} + 2e^- \rightleftharpoons Fe$	-0.409
$Cd^{2+} + 2e^- \rightleftharpoons Cd$	-0.403
$Cu_2O + H_2O + 2e^- \rightleftharpoons 2Cu + 2OH^-$	-0.361
$Co^{2+} + 2e^- \rightleftharpoons Co$	-0.28
$Ni^{2+} + 2e^- \rightleftharpoons Ni$	-0.246
$AgI + e^- \rightleftharpoons Ag + I^-$	-0.15
$Sn^{2+} + 2e^- \rightleftharpoons Sn$	-0.136
$Pb^{2+} + 2e^- \rightleftharpoons Pb$	-0.126
$CrO_4^{2-} + 4H_2O + 3e^- \rightleftharpoons Cr(OH)_3 + 5OH^-$	-0.12
$Ag_2S + 2H^+ + 2e^- \rightleftharpoons 2Ag + H_2S$	-0.036
$Fe^{3+} + 3e^- \rightleftharpoons Fe$	-0.036
$2H^+ + 2e^- \rightleftharpoons H_2$	0.000
$NO_3^- + H_2O + e^- \rightleftharpoons NO_2 + 2OH^-$	0.01

续表

半反应	$E^{\ominus}/V$
$TiO^{2+}+2H^++e^- \rightleftharpoons Ti^{3+}+H_2O$	0.10
$S_4O_6^{2-}+2e^- \rightleftharpoons 2S_2O_3^{2-}$	0.09
$AgBr+e^- \rightleftharpoons Ag+Br^-$	0.10
$S+2H^++2e^- \rightleftharpoons H_2S(水溶液)$	0.141
$Sn^{4+}+2e^- \rightleftharpoons Sn^{2+}$	0.15
$Cu^{2+}+e^- \rightleftharpoons Cu^+$	0.158
$BiOCl+2H^++3e^- \rightleftharpoons Bi+Cl^-+H_2O$	0.158
$SO_4^{2-}+4H^++2e^- \rightleftharpoons H_2SO_3+H_2O$	0.20
$AgCl+e^- \rightleftharpoons Ag+Cl^-$	0.22
$IO_3^-+3H_2O+6e^- \rightleftharpoons I^-+6OH^-$	0.26
$Hg_2Cl_2+2e^- \rightleftharpoons 2Hg+2Cl^-$ (0.1mol/L NaOH)	0.268
$Cu^{2+}+2e^- \rightleftharpoons Cu$	0.340
$VO^{2+}+2H^++e^- \rightleftharpoons V^{3+}+H_2O$	0.36
$Fe(CN)_6^{3-}+e^- \rightleftharpoons Fe(CN)_6^{4-}$	0.36
$2H_2SO_3+2H^++4e^- \rightleftharpoons S_2O_3^{2-}+3H_2O$	0.40
$Cu^++e^- \rightleftharpoons Cu$	0.522
$I_3^-+2e^- \rightleftharpoons 3I^-$	0.534
$I_2+2e^- \rightleftharpoons 2I^-$	0.535
$IO_3^-+2H_2O+4e^- \rightleftharpoons IO^-+4OH^-$	0.56
$MnO_4^-+e^- \rightleftharpoons MnO_4^{2-}$	0.56
$H_3AsO_4+2H^++2e^- \rightleftharpoons HAsO_2+2H_2O$	0.56
$MnO_4^-+2H_2O+3e^- \rightleftharpoons MnO_2+4OH^-$	0.58
$O_2+2H^++2e^- \rightleftharpoons H_2O_2$	0.682
$Fe^{3+}+e^- \rightleftharpoons Fe^{2+}$	0.77
$Hg_2^{2+}+2e^- \rightleftharpoons 2Hg$	0.796
$Ag^++e^- \rightleftharpoons Ag$	0.799
$Hg^{2+}+2e^- \rightleftharpoons Hg$	0.851
$2Hg^{2+}+2e^- \rightleftharpoons Hg_2^{2+}$	0.907
$NO_3^-+3H^++2e^- \rightleftharpoons HNO_2+H_2O$	0.94
$NO_3^-+4H^++3e^- \rightleftharpoons NO+2H_2O$	0.96
$HNO_2+H^++e^- \rightleftharpoons NO+H_2O$	0.99
$VO_2^++2H^++e^- \rightleftharpoons VO^{2+}+H_2O$	1.00
$N_2O_4+4H^++4e^- \rightleftharpoons 2NO+2H_2O$	1.03
$Br_2+2e^- \rightleftharpoons 2Br^-$	1.08
$IO_3^-+6H^++6e^- \rightleftharpoons I^-+3H_2O$	1.085
$IO_3^-+6H^++5e^- \rightleftharpoons \frac{1}{2}I_2+3H_2O$	1.195

续表

半 反 应	$E^{\ominus}/V$
$MnO_2 + 4H^+ + 2e^- \rightleftharpoons Mn^{2+} + 2H_2O$	1.23
$O_2 + 4H^+ + 4e^- \rightleftharpoons 2H_2O$	1.23
$Au^{3+} + 2e^- \rightleftharpoons Au^+$	1.29
$Cr_2O_7^{2-} + 14H^+ + 6e^- \rightleftharpoons 2Cr^{3+} + 7H_2O$	1.33
$Cl_2 + 2e^- \rightleftharpoons 2Cl^-$	1.358
$BrO_3^- + 6H^+ + 6e^- \rightleftharpoons Br^- + 3H_2O$	1.44
$Ce^{4+} + e^- \rightleftharpoons Ce^{3+}$	1.443
$ClO_3^- + 6H^+ + 6e^- \rightleftharpoons Cl^- + 3H_2O$	1.45
$PbO_2 + 4H^+ + 2e^- \rightleftharpoons Pb^{2+} + 2H_2O$	1.46
$MnO_4^- + 8H^+ + 5e^- \rightleftharpoons Mn^{2+} + 4H_2O$	1.491
$Mn^{3+} + e^- \rightleftharpoons Mn^{2+}$	1.51
$BrO_3^- + 6H^+ + 5e^- \rightleftharpoons \frac{1}{2}Br_2 + 3H_2O$	1.52
$HClO + H^+ + e^- \rightleftharpoons \frac{1}{2}Cl_2 + H_2O$	1.63
$MnO_4^- + 4H^+ + 3e^- \rightleftharpoons MnO_2 + 2H_2O$	1.679
$H_2O_2 + 2H^+ + 2e^- \rightleftharpoons 2H_2O$	1.776
$Co^{3+} + e^- \rightleftharpoons Co^{2+}$	1.842
$S_2O_8^{2-} + 2e^- \rightleftharpoons 2SO_4^{2-}$	2.00
$O_3 + 2H^+ + 2e^- \rightleftharpoons O_2 + H_2O$	2.07
$F_2 + 2e^- \rightleftharpoons 2F^-$	2.87

参 考 文 献

[1] 于晓萍.仪器分析.2版.北京：化学工业出版社，2017.
[2] 董慧茹.仪器分析.3版.北京：化学工业出版社，2020.
[3] 黄一石，吴朝华.仪器分析.4版.北京：化学工业出版社，2020.
[4] 黄一石.分析仪器操作技术与维护.2版.北京：化学工业出版社，2013.
[5] 胡坪，王氢.仪器分析.5版.北京：高等教育出版社，2019.
[6] 袁存光，祝优珍，田晶，等.现代仪器分析.北京：化学工业出版社，2012.
[7] 方惠群，于俊生，史坚.仪器分析.北京：科学出版社，2002.
[8] 陈浩.仪器分析.3版.北京：科学出版社，2016.
[9] 高鹏，朱永明，于元春.电化学基础教程.2版.北京：化学工业出版社，2019.
[10] 李荻，李松梅.电化学原理.4版.北京：北京航空航天大学出版社，2021.
[11] 王凤平，敬和民，辛春梅.腐蚀电化学.2版.北京：化学工业出版社，2017.
[12] 杨辉，卢文庆.应用电化学.北京：科学出版社，2021.
[13] 王炳强.仪器分析——光谱与电化学分析技术.北京：化学工业出版社，2017.
[14] 肖友军，李立清.应用电化学.北京：化学工业出版社，2013.